Bien Voyage
Ji K. Reise

Kriegen Enten
kalte Füße?

RICHARZ · SCHMID · KREMER

Kriegen Enten kalte Füße?

*Alltägliches und Rätselhaftes
aus der Vogelwelt*

Mit 53 Cartoons von Friedrich Werth

KOSMOS

Von komischen Käuzen
und anderen schrägen Vögeln

Vielfach finden sich in unserem Alltag riskante Verweise oder Vergleiche aus der Vogelwelt auch in vielen sprichwörtlichen Redensarten. Von komischen Käuzen und schrägen Vögeln ist da die Rede, manchmal auch von dummer Gans und blöder Schnepfe oder gar von der diebischen Elster. Überraschenderweise lautet genau so auch das amtliche Kürzel der Software für die Elektronische Steuererklärung – bei der hinreichend bekannten Humorlosigkeit der Finanzverwaltungen ist man versucht, in diesem Kontext eher an unfreiwillige Komik zu denken. Ein Geier wäre übrigens auch ein wundervolles Emblem für diese Institutionen ... Auf der anderen Seite stehen die großen Greife, die man als Wappentiere gar zu nationaler Bedeutsamkeit hochstilisiert. Es gibt aber auch hier tragische Fehlentwicklungen. So sieht der eigentlich recht imposante Seeadler auf den deutschen 1-Euro-Münzen leicht adipös aus, japst mit hängender Zunge und tritt sich mit seinen völlig verrenkten Krallen ständig auf den Schwanz. Doch was sind Vögel eigentlich? Jedes Schulbuch macht mit der wichtigen Basisinformation vertraut, dass man bei den Wirbeltieren fünf Klassen unterscheidet, nämlich Fische, Amphibien, Reptilien, Vögel und Säugetiere. Diese Grobeinteilung war schon den Naturgelehrten der Frühzeit vertraut, obwohl man fallweise nicht so genau hinschaute. Hildegard von Bingen, eine berühmte naturkundige Klosterfrau des hohen Mittelalters, stellte auch die Bienen zu den Vögeln, weil beide Tiergruppen erwiesenermaßen fliegen können. Fledermäuse kannte Hildegard vermutlich noch nicht, sonst wären womöglich auch sie bei den Vögeln einsortiert worden.

Hätte man die Wirbeltiere nach heutigem Kenntnisstand einzuteilen, würden die Vögel keine eigene Klasse, sondern eher eine eigene Verwandtschaftsgruppe innerhalb der Reptilien bilden, denn mit ihnen weisen die Gefiederten mehrere gemeinsame Merkmale auf: Sie tragen – zumindest an den Füßen – kräftige Hornschuppen, legen hartschalige Eier wie Eidechsen und Schlangen und sind warmblütig wie früher die Dinosaurier, zu denen sie außerdem etliche Übereinstimmungen im Knochenfeinbau aufweisen. Die Dreckspatzen auf dem Dorfplatz als späte Verwandte von *Tyrannosaurus rex*? Die Größe ist allein sicherlich nicht entscheidend.

Die Vögel als Binnengruppe der Reptilien ist nur eine der aufregenden biologischen Facetten, die diese Tiere aufweisen. Auch wenn andere Tiergruppen sich den Luftraum als Verkehrsweg erobert haben – neben den überwältigend zahlreichen Insekten beispielsweise Flugechsen und Flugbeuteltiere – sind die Vögel mit Abstand die bewundernswertesten Beherrscher dieses Elements. An ihre höchst eleganten Flugmanöver mit engsten Kurven und raschen Höhenwechseln reicht keine menschliche Technik heran. Vor allem legen sie ihre Flugstrecken so gut wie geräuschlos zurück, im Unterschied zu dröhnenden Sportflugzeugen und donnernden Düsenjets. Selbst wenn sie zu Fuß unterwegs sind, ist ihre Geschicklichkeit beachtlich. Jede im Geäst turnende Meise führt Akrobatik in Perfektion vor.

Dieses Buch versammelt über 100 unglaubliche, unwahrscheinliche oder unheimliche Geschichten über Vögel, die auf seltsamen Voreinschätzungen, Fehldeutungen und sonstigen Ungereimtheiten beruhen. Es bringt sie auf den Boden beweisbarer biologischer Tatsachen zurück. Selbst wenn man die weitverbreiteten Mythen abstreift wie Eierschalen, bleibt eine Menge Erstaunliches aus der Vogelbiologie übrig. So werden Sie erfahren, warum Vogeleier nicht kugelrund sein können, wie es um die kalten Füße der Enten steht und dass ... ach was, lesen Sie am besten selbst.

Amüsante Augenblicke und erheiternde Erkenntnisse wünscht Ihnen das Autorenteam.

Welcher ADLER kreist auf dem deutschen Naturschutz-Schild?

Dreiecksschilder in Rot, Weiß und Schwarz kennt jede Auto fahrende Nation als Hinweiszeichen zur Bewältigung bestimmter Verkehrssituationen. In der Farbkombination Grün, Weiß und Schwarz regeln sie sozusagen die Vorfahrt für die Natur, denn mit solchen Schildern sind die verschiedenen Schutzkategorien wie Naturdenkmale, geschützte Landschaftsbestandteile sowie Landschafts- und Naturschutzgebiete gekennzeichnet. Auf dem markanten Dreieck zieht ein imposanter Adler mit ausgebreiteten Schwingen seine Kreise.

Nun haben Adler in der Heraldik und staatlichen Emblematik schon seit langem ihren festen Platz, gelten sie doch üblicherweise als Verkörperung von Kraft, Können und Überlegenheit. Da die heimischen Adlerarten heute recht selten sind und allesamt auf der Roten Liste der bedrohten Arten stehen, erscheint die Motivwahl für die behördlich angebrachten Naturschutzschilder durchaus nachvollziehbar. Heimische Art? Der deutsche Schild-Adler ist eindeutig mit einem weißen Kopf dargestellt, aber ein solches Merkmal kommt bei den heimischen Großgreifen gar nicht vor. Der genauere Vergleich bringt die nötige Klarheit: Auf unseren Naturschutzschildern segelt tatsächlich der nordamerikanische Weißkopfseeadler, das Wappentier der USA. Absicht, Missgriff oder Schildbürgerstreich?

In den 1950er Jahren musste die Freie Hansestadt Hamburg nach einer gerichtlichen Auseinandersetzung ein stadtstaatliches Naturschutzgebiet besonders kennzeichnen. Man wählte dazu ein Schild in der Größe eines üblichen Verkehrszeichens und als Bildvorlage das Foto eines Weißkopfseeadlers aus dem Archiv der berühmten Audubon-Gesellschaft, die in den USA dem Naturschutzbund Deutschland (NABU) entspricht. Die mit der Schildgestaltung beauftragte Grafikerin zeichnete exakt diesen Adler vorlagengetreu mit allen arttypischen Details ab, und das Schild ging in Produktion. Niemand störte sich an der falschen Artwahl – selbst dann nicht, als es später auch in den übrigen (alten) Bundesländern eingeführt wurde. Während der amerikanische Weißkopfseeadler bundesweit immer noch auf vielen tausend grünweißen Schildern unterwegs ist, hat Hamburg sein Naturschutzemblem unterdessen grafisch und avifaunistisch überarbeiten lassen: Die schwarze Kopfeinfärbung, dazu Schnabelform und Handschwingenfächer zeigen nun eindeutig den heimischen Seeadler, den Wappenvogel der Bundesrepublik Deutschland.

Wie kam der ALBATROS zu seinem Namen?

Als die ersten portugiesischen Seeleute im 15. Jahrhundert sich mit ihren Segelschiffen entlang der afrikanischen Küste bis in den stürmischen Südatlantik hinunterwagten, machten sie Bekanntschaft mit großen, schwarz-weißen Vögeln, deren gedrungener Körper von lang ausgezogenen Flügeln scheinbar schwerelos durch die Luft getragen wurde. „Alcatraz" nannten die Seeleute diese fremdartigen Gleitflieger. In der Folge wurde von englischen Seglern aus dem portugiesischen

Wort Alcatraz (= große Seevögel) durch Verballhornung der „Albatros".

Der größte unter ihnen ist der Wander-Albatros. Mit einer Körperlänge von 1,1 bis 1,4 Meter bringt er bei einer Flügelspannweite von 3,4 Meter ein Körpergewicht zwischen sechs und elf Kilogramm zum flügelschlaglosen Gleiten. Wenn die Seeleute beim Umfahren des Kaps solche großen Vögel im Dünengras sitzen oder auf Klippen in ganzen Kolonien brüten sahen, konnte beim Anblick der Albatrosse schon mal Heimweh hochkommen, indem sich die harten Männer an heimische Schafe auf schottischen Weiden erinnert fühlten. Daher ist der in einigen Regionen geläufige Name „Kapschaf" für den großen Seevogel gar nicht so abwegig.

Wieso trägt der ALPEN-Strandläufer ein Gebirge im Namen?

Calidris alpina heißt er, der starengroße, kleine Kerl aus der Familie der Schnepfenvögel. Nach der Brutzeit versammelt er sich mit seinen Artgenossen zu Hunderttausenden im Wattenmeer. Dort mausern sie und stochern im Wattboden und Schlick nach Würmern, Schnecken, Muscheln, Mückenlarven und Krebschen. Erwachsene Alpenstrandläufer sind im Schlichtkleid oberseits braungrau, unterseits weiß mit feinen grauen Bruststrichen gefärbt. Im Prachtkleid tragen sie eine rostbraune Oberseite und einen schwarzen Brustfleck zur Zier. Häufig können die spätsommerlichen und herbstlichen Wattenmeer-Touristen riesige Wolken von Alpenstrandläufer-Trupps bei ihren rasanten, wendigen Flugmanövern beobachten, begleitet von ihren gepressten „trrü"-Rufen.

Grönland, Island, die Britischen Inseln, das nördliche Eurasien sowie Kanada und Alaska sind ihre Brutheimat. Dort brüten paarweise die Alpenstrandläufer in Bodennestern aus, um die nestflüchtenden Jungen in einem wahren Insektenparadies durch den kurzen, nordischen Sommer zu begleiten. Die Zugvögel lernen so im Wechsel das Wattenmeer und ihre Brutgebiete in Feuchtwiesen, Mooren und Tundren kennen, die vom nordischen Flachland bis in höhere Lagen reichen. Nur die Alpen sieht *Calidris alpina* nie. Carl von Linné ist sein Namensgeber. Nicht etwa, dass der „alte Schwede" sich tiergeografisch geirrt hätte. Vielmehr verwendete der Systematiker das Wort „Alpen" als Synonym für „hohe Gebirge". Linnés Beschreibung des Alpenstrandläufers bezog sich auf ein Vorkommen in Lappland, und hier in den „Lappländischen Alpen". Damit teilt *Calidris alpina* den Artnamen mit der Ohrenlerche *Eremophila alpestris*. Die „Freundin der Einöde", so die Übersetzung der griechischen Worte *eremos* = Einöde und *phile* = Freundin, liebt, wie der Alpenstrandläufer, ihre nordischen Tundren und Gebirge oberhalb der Baumgrenze.

Welcher Vogel wird am ÄLTESTEN?

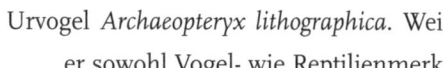

Erdgeschichtlich gesehen ist das unbestritten der Urvogel *Archaeopteryx lithographica*. Weil er sowohl Vogel- wie Reptilienmerkmale zeigt, liefert er den eindeutigen Beweis, dass Vögel von den Kriechtieren abstammen. Im späten Jura vor 150 Millionen Jahren war der elsterngroße *Archaeopteryx* unterwegs – ob aus eigenem Antrieb fliegend oder eher gleitend, bleibt bis heute Anlass zum Gelehrtenstreit. In der jüngeren Erdgeschichte hält ein anderer

Vogel den Altersrekord: Mit 82 Jahren erreichte ein Schneekranich (*Grus leucogeranus*) das höchste nachgewiesene Lebensalter eines Vogels. Er soll 1905 in einem Schweizer Zoo geschlüpft und Ende 1988 im Kranichzentrum der International Crane Foundation in Baraboo, Wisconsin (USA) gestorben sein – und das auch nur, weil sich dieser Methusalem den Schnabel bei der Abwehr eines Besuchers brach. Während Altersrekorde von 100 Jahren für Papageien bisher unbestätigt blieben, ist für ein Gelbhaubenkakadumännchen (*Cascatua galerita*) ein Alter von über 80 Jahren verbürgt. Das Tier starb 1982 im Londoner Zoo. Sein voriger Besitzer hatte es 1925 dorthin übergeben, nachdem er den Kakadu bereits seit 1902 vollerwachsen bei sich gehalten hatte. Als Wildvogel rekordverdächtig ist ein weiblicher Königsalbatros (*Diomedea epomophora*) namens „Blue-White". Das Tier wurde 1937 ausgewachsen bei Neuseeland beringt und kehrte erst 1990 nicht mehr zu seiner Kolonie zurück. Nimmt man für den Brutbeginn ein Lebensalter von neun Jahren an, muss „Blue-White" 1928 oder noch früher geschlüpft sein. Noch mit 60 Jahren legte das Albatrosweibchen, jetzt zu Recht in „Granma" umgetauft, noch ein Ei. Fürwahr, der älteste Brutvogel der Welt ...

Sind AMSEL und Drossel verschiedene Vögel?

„Amsel, Drossel, Fink und Star" – wer kennt sie nicht, die Aufzählung aus dem klassischen Kinderlied? Vier heimische Vogelarten? Mitnichten. Nur mit Amsel und Star werden zwei Arten eindeutig benannt. Drosseln und Finken dagegen sind ganze Vogelfamilien mit jeweils vielen Arten. Und die Familie der Drosseln schließt nicht nur die Sing-, Mistel- und Wacholderdrossel, sondern eben auch die Amsel oder Schwarzdrossel mit ein. Also: Mit Amsel und Drossel können zwei verschiedene Arten gemeint sein, müssen aber nicht.

Wie fängt die AMSEL den Regenwurm?

Kaum haben wir den Mäher weggeräumt, schon interessiert sich „unsere" Amsel für den kurz getrimmten Rasen. Zwischen einigen Hüpfern bleibt *Turdus merula* immer wieder unbeweglich stehen, um dabei ihren Kopf schief zu legen. Schließlich stößt sie, besser er, denn es ist in dem Fall der schwarze Amselhahn, mit dem gelben Schnabel ins Grün, um einen fetten Regenwurm aus dem Erdreich zu ziehen. Dieser wird sofort zum Nest in der Efeuwand transportiert. Durch ihr Hüpfen hat die Amsel ein Geräusch erzielt, das beim Regenwurm wie aufschlagende Wassertropfen ankommt. Bodennässe bei starkem Regen, durch die im Boden Sauerstoffnot entsteht, veranlasst Regenwürmer, sofort an die Oberfläche zu kommen. Und auch das Kopf-Schiefhalten unserer Amsel ist erklärlich: Weil durch die seitliche Stellung ihrer Augen das Blickfeld vor dem Schnabel eingeschränkt ist, hält sie zum Fixieren ihrer fetten Beute den Kopf einfach schief.

Können Vögel mit den
AUGEN rollen?

Schon aus der Lebensweise der Vögel als überwiegend tagaktive Flieger ergibt sich die überragende Bedeutung ihres Gesichtssinnes. Vogelaugen sind deshalb meist sehr groß. In Relation zur Körpergröße sind sie größer als die Augen der Säugetiere. Sie können im Extremfall einen so großen Raum einnehmen, dass sich die Außenseite der Augäpfel in der Schädelmitte berühren und beide Augen zusammen schwerer sind als das Gehirn. Trotz sechs Augenmuskeln, die den Augapfel bewegen, ist das Auge vieler Vögel weit weniger beweglich als ein Säugetierauge, das ebenfalls über sechs Muskeln am hinteren Ende des Augapfels verfügt. Anders als bei Säugern, sind Vogelaugen fest in der Schädelkapsel fixiert und können somit nicht gerollt werden. Eulenaugen sind noch zusätzlich in einen Ring aus Knochenscheiben (Sklerotalring) eingebettet: Daher müssen Eulen beim Fixieren einer Beute sogar ihren Kopf drehen. Dafür haben ihre auch für Vögel ungewöhnlich großen Augen einen anderen Vorteil: Sie sind auf maximale Ausnutzung von Restlicht ausgelegt. So kann die große Pupille sich bei Dunkelheit praktisch zur gesamten Augenöffnung ausweiten und damit möglichst viel Licht durchlassen, im Vergleich zu uns Menschen einen etwa 2,7-fachen Lichteinfall. So sind in Sachen Sehen (und Hören) die echten Nachteulen und nicht wenige andere Vögel uns deutlich überlegen – auch wenn sie nicht so schön mit ihren Augen rollen können. Wozu aber ist das Augenrollen dienlich? Es aktiviert die Muskulatur rund um unser Sehzentrum, stärkt somit die Augenmuskeln, hilft bei angespannten und übermüdeten Augen, lindert Kopfschmerzen und wirkt allgemein entspannend. Beim Aus- und Einatmen rollen unsere Augen nach oben, unten, dann nach links und rechts mit. Und selbst mimisch wird es eingesetzt. Wer mit verkniffenem Mund deutlich mit den Augen rollt, signalisiert dem Gegenüber: „Lass mich in Ruhe, ich will nichts von dir."

Warum muss man(n) beim BALZEN übertreiben?

Vielen Tieren geht es nicht anders als uns Menschen. Ist Fortpflanzungszeit und „die Hormone spielen verrückt", wird mit allen Mitteln der Kunst ein Geschlechtspartner gesucht und umworben. Ohne einen gewissen Einsatz würde eine Paarung nicht zustande kommen. Die für den eigentlichen Akt erforderlichen, werbenden wie stimulierenden Vorbereitungen bezeichnet man als Balz. Für Außenstehende, seien es menschliche Tierbeobachter oder Beobachter menschlichen Balzverhaltens, die sich nicht gerade auch in der gleichen Gefühlsverfassung befinden, wirken Balzhandlungen oft übertrieben, wenn nicht sogar leicht grotesk.

Geradezu unerschöpflich in ihrer Mannigfaltigkeit an Farben, Formen und Bewegungen ist die Vogelbalz. Viele der angehenden Vogel-Ehemänner „verkleiden" sich quasi, indem sie Prachtgewänder (-gefieder) anlegen, um sich darin fast geckenhaft zu verhalten. Schließlich müssen die besonders bunten Vogelmänner meist unscheinbaren, aber um so wählerischeren Frauen imponieren. Oft führen sie dazu noch ekstatische Tänze auf, allein oder gemeinsam mit anderen Bewerbern, direkt vor der Auserwählten oder auch abseits und scheinbar völlig unbekümmert um das andere Geschlecht. Beispiele für auffällige Gefiederbalz sind etwa der Rad schlagende Pfau oder der australische Leierschwanz, bei dem die Männchen ihren Schwanz gefächert auf den Rücken klappen, so dass die auffällig gezeichnete Unterseite sichtbar wird. Während Fregattvogelmännchen mit aufgeblasenem, weit leuchtendem Kehlsack auf vorüberkommende Weibchen warten, entfalten Paradiesvögel ihr Prachtgefieder oft kopfabwärts hängend, wobei bei manchen Arten sozial balzende Männchen dabei sogar symmetrische Figuren bilden. Unser wohl auffälligster einheimischer „Balzer" ist der Trapphahn. Die Männchen der sehr selten gewordenen Großtrappe verwandeln

sich in der Balz durch Hoch-
klappen von Schwanz
und weißen Flügelfe-
dern sowie Aufblasen
von Hals und Brust zu
grotesken Federkugeln.
Mangels Gefiederpracht
setzen Vogelmänner anderer
Arten auf Akrobatik oder Baukunst,
Trommelwirbel oder Sängerwettstreit.

Bei Balzflügen steht wildeste Luftakrobatik mit Überschlägen und
schwungvollen Schleifen auf dem Programm. Manche – unser kleiner Zaunkönig ist dafür ein Paradebeispiel – erstellen ein, der Zaunkönig sogar bis zu zwölf (!), Nest(er) im Rohbau und preisen es der
umworbenen Dame an. Andere wie Spechte trommeln einen Wirbel
nach dem anderen mit dem Schnabel auf hohle Gegenstände, egal
ob Baumast oder Metallmast.

Bei vielen, vor allem den Singvögeln, stecken die größten Balzquali-
täten in der Kehle: Da wird die Begehrte mit allen Regeln der San-
geskunst ins Revier gelockt, wobei das Repertoire von Schmetter-
strophen über zärtliches Gewisper und fröhliches Trillern bis zu
schmelzendem Schluchzen reicht.

Spitzenleistungen beim „Show-Balzen" bringen auch die Laubenvögel Neuguineas und Australiens. Bei der Werbung um Weibchen
säubern die Laubenvogelmänner je nach Art besondere Balzplätze,
um dort „Hütten", „Wandelgänge" und „Maibäume" zu errichten
und diese mit Schneckenhäusern, Federn, Teilen von Insektenpan-
zern, Blüten, Knochensplittern, aber auch Münzen, Sicherheitsna-
deln und Kronkorken zu schmücken. Die Männchen des Seiden-
laubvogels gehen sogar unter die Maler, indem sie Pflanzenmaterial
durchkauen und damit Holzstückchen wie Laubenwände bestrei-

chen. Laubenvögel haben sich damit quasi ein ablegbares Prachtkleid geschaffen.

Wenn wir noch die Balzrituale verschiedener Tiergruppen hinzu-
nehmen, von röhrenden Hirschen bis zur symbolischen Beuteüber-
gabe eines ballonartig gesponnenen Gewebes bei einer Tanzfliegen-
art, bleibt die Frage nach dem Überlebenswert der Darbietungen.
Bei allen Varianten männlicher Selbstdarstellung gilt, dass man mit
auffälligen Gebärden zwar den Weibchen imponiert, gleichzeitig
aber auch den Unmut von Konkurrenten auf sich zieht. Wer es dennoch schafft, sein Programm durchzuziehen, dem ist nicht nur der
Erfolg bei den Damen, sondern auch der Respekt der Rivalen trotz
allem Sexualneid sicher.

Doch während im Tierreich die Balz insgesamt zwar äußerst verschieden, artbezogen dagegen ziemlich einheitlich abläuft, können
menschliche Balzrituale sehr unterschiedlich angelegt sein und
vom körperlichen Einsatz (Schaulaufen und -tanzen, unterstrichen
durch viel oder wenig Kleidung) über das Präsentieren von vorder-
und hintergründigen Statussymbolen (Sportwagen bis Eigenheim,
Aktiendepot bis Statusberuf) reichen. Egal, wie und mit welchem
(oft subjektiven) Erfolg: Ganz triebfrei und ohne Rituale läuft unsere
Balz nie ab.

Können Vögel durch angegorene Früchte **BETRUNKEN** werden?

Aus dem Freiland ist längst bekannt, dass vor allem Säugetiere durch
den Genuss von gegorenen Früchten und Baumsäften in rauschähn-
liche Zustände verfallen. Normalerweise eher „ängstliche" Elefanten
werden dann plötzlich zu randalierenden Rowdies, Steppenpaviane
torkeln umher wie menschliche Wirtshausbesucher, die zu tief ins
Glas geschaut haben. Was aber passiert, wenn Drosseln und Stare

sich an den angegorenen Beeren Früchte tragender Sträucher gütlich getan haben? Zunächst sah es nach „Trunkenheit im Luftverkehr" aus, als Ende 1993 auf der Autobahn 661 bei Frankfurt Hunderte von Vögeln aus den nahrungsreichen Büschen heraus und direkt in die Autos hineinflogen. War Alkohol der Grund für die Vogelverluste im Straßenverkehr? Schließlich ist bekannt, dass Früchte, die im Spätherbst und Winter an Weißdorn und Heckenrose hängen, bis zu fünf Prozent Alkohol enthalten können, was etwa dem Alkoholgehalt von Bier entspricht. Bekannt ist auch, dass Stare, Amseln oder Wacholderdrosseln sich in der kalten Jahreszeit bevorzugt von diesen Früchten ernähren. Wie trinkfest sind aber die Vögel? Diese Frage stellte die Staatliche Vogelschutzwarte in Frankfurt dem Ornithologen und Physiologen Prof. Dr. Roland Prinzinger und seinem Team von der Universität Frankfurt. An Staren nahmen die Wissenschaftler einen umfangreichen ornithologischen Alkoholtest vor und waren vom Ergebnis sehr überrascht: Stare und andere Früchte verzehrende Vögel sind weitaus trinkfester als wir. Das im Vogeldarm und -blut vorhandene, Alkohol abbauende Enzym ADH (Alkoholdehydrogenase) weist im Vergleich zum Menschen eine sehr hohe Aktivität auf. Der Alkoholabbau funktioniert so gut, dass ein Star mit dem Gewicht eines Menschen alle acht Minuten eine Flasche Wein trinken könnte, ohne die geringsten Probleme zu bekommen. Daher können die Beerenfresser, im Gegensatz zu Körnerfressern wie Tauben, durch den Verzehr vergorener Früchte nicht betrunken werden. Offenbar haben sich Amsel, Drossel und Star im Laufe der Evolution an geistreiche Nahrung angepasst, die gerade im Winter eine energiereiche Nahrungsquelle darstellt. Verantwortlich für die Verluste an der Frankfurter Autobahn war somit nicht der Alkoholkonsum der Vögel, sondern die Fallenwirkung der Bepflanzung. Um Luftfeinden zu entgehen, fliegen Beeren fressende Vogelschwärme gerne im Tiefflug ab und kreuzen damit zwangsweise Straßen in gefährlicher Autohöhe.

Wieso heißt der BIENENfresser so?

Wenn wir ihn steckbrieflich suchen müssten, wäre für den Bienenfresser folgende Beschreibung angebracht: Etwa amselgroß, aber viel schlanker; langer, abwärts gebogener Schnabel; auffällig buntes Gefieder; bei erwachsenen Bienenfressern Oberkopf und Rücken kräftig kastanienbraun, zum Bürzel hin gelb, Kinn und Kehle leuchtend gelb, durch schwarzes Band von grünlich blauer Unterseite abgesetzt; mittlere Schwanzfedern bei den Altvögeln verlängert. Bienenfresser halten sich in warmen Gegenden mit offenem Gelände, blumen- und insektenreichen Trockenrasen, Wiesen und Weiden auf. Die Langstreckenzieher mit Winterquartier in Afrika kommen bei uns gelegentlich in alten Sandgruben vor. Wer zu den Buntesten und optisch Auffälligsten in der europäischen Vogelwelt zählt, sollte eigentlich nach diesen Merkmalen benannt sein. Doch eine andere Fähigkeit dieses Vogels beeindruckte die Menschen wohl so sehr, dass sie ihn Bienenfresser *(Merops apiaster)* nannten. Wobei sein wissenschaftlicher Name sogar zweimal diese „hervorstechende" Eigenschaft umschreibt. *Merops* heißt auf Griechisch ebenso Bienenfresser wie *apiaster* auf Lateinisch. Der „Bienenfresser bienenfresser" lebt ausschließlich von mittelgroßen bis großen Fluginsekten, darunter hauptsächlich von Bienen und Wespen, fängt aber auch Heuschrecken, Käfer und Schmetterlinge. Hautflügler, die mit einem Giftstachel bewehrt sind, packt der Bienenfresser meist in der Körpermitte und fliegt damit auf einen Zweig, um die Beute mehrfach dagegen zu schlagen. Zur Entgiftung des Stachelapparates wird das Hinterleibende des betäubten Insekts anschließend mehrfach auf der Zweig-Unterlage hin und her gewetzt. Diese Entgiftungsaktion reicht dem Bienenfresser, egal ob er das Insekt anschließend selbst verspeist oder an seine Jungen verfüttert. Obwohl die Vögel gegen Hautflügler-Gift nicht völlig immun sind, scheinen ihnen einige Giftstiche wenig auszumachen.

Sind BLÄSSHÜHNER mit den Hühnern verwandt?

Dass populäre Tiernamen nicht immer die systematische Zugehörigkeit zu einer bestimmten Tiergruppe widerspiegeln, zeigt das Beispiel der Hühner. Den richtigen Hühnern wie Auer-, Birk- oder Rebhuhn stehen allerlei falsche gegenüber: Blässhühner, Teichhühner, Flughühner, Odinshühnchen oder Laufhühnchen kommen aus ganz verschiedenen Ecken des Vogelreichs, sind nicht näher miteinander verwandt und gleichen sich auch vom Körperbau und Verhalten kaum.

Die Sprachbereiniger unter den Vogelkundlern versuchen deshalb seit langem, das Blässhuhn auszurotten und durch die Blässralle zu ersetzen, damit die Familienzugehörigkeit des rundlichen schwarzen Schwimmvogels mit dem weißen Schnabel und Stirnschild gleich am Namen abzulesen sei. Und, den Purismus noch etwas weiter treibend, solle man doch lieber gleich Blessralle statt Blässralle schreiben. Schließlich heiße der Vogel nicht so, weil er farblos und blass einherschwimme, sondern weil er eine weiße Stirnmarkierung habe, eine Blesse eben.

Woran erkennen sich bei den BLAUMEISEN Männchen und Weibchen?

Bei Blaumeisen und vielen anderen Vögeln sind die Geschlechter für unsere Augen äußerlich gleich, was eigentlich zu chaotischen Verhältnissen bei der Partnersuche führen müsste. Im UV-Licht dagegen wird der Geschlechtsdimorphismus auch bei Blaumeisen auffällig sichtbar: Die Männchen sind auf Anhieb zu erkennen, denn Vogelfedern reflektieren oder absorbieren UV-Licht in art- und geschlechtsspezifischer Weise. Selbst bei den Arten, deren Gefiederunterschiede für unser Auge bereits erkennbar sind, wird der Geschlechtsdimorphismus im UV-Licht deutlich auffälliger.

Viele Vögel können ultraviolettes Licht als eigene Farbqualität wahrnehmen. Sie haben neben den auch uns eigenen drei Zapfentypen fürs Farbensehen einen weiteren, besonderen Zapfentyp in der Netzhaut, der speziell auf UV-Licht reagiert. Damit können sie die für uns unsichtbare UV-Farbe sehen. Welche Farbe Vögel sehen, wenn nur der für UV-Licht zuständige Zapfentyp nicht gereizt wird, bleibt uns möglicherweise für immer verborgen. Dagegen ist bekannt, dass die für uns weiß aussehenden Mistelbeeren UV absorbieren. Weil dadurch bei den Vögeln der vierte UV-Zapfentyp nicht gereizt wird, sehen sie die für uns weiß erscheinenden Mistelbeeren „vogelbunt".

UV-Sehen ermöglicht Blaumeisen und anderen somit nicht nur die optische Geschlechter-Unterscheidung. Turmfalken nutzen beispielsweise ihr UV-Sehen zur Mäusejagd. Weil Mäuse-Urin und -Kot ultraviolettes Licht (ungefähr 340 Nanometer) reflektieren und die Mäuse ihre Laufwege mit den Exkrementen verunreinigen, erkennen die Falken schon aus der Luft, ob hier Laufwege genutzt werden und es sich lohnt, über dem Feld zu rütteln und auf den Erzeuger der verräterischen Spur zu warten.

Welchen BLUTDRUCK haben kleine Vögel?

Wenn der Arzt den soeben gemessenen Blutdruck vermeldet, redet er beispielsweise von „120 zu 80". Damit nennt er zunächst den systolischen Druckwert, der eine Quecksilbersäule (Elementsymbol Hg) in einer Glasröhre 120 Millimeter hoch drückt, und danach den immer etwas niedrigeren diastolischen Wert. Für diese traditionellen Druckangaben in Millimeter Hg verwendete man früher wie beim Wetterbarometer die Einheit Torr. Heute ist dafür eigentlich nur noch die gesetzliche Einheit Pascal (Pa) zulässig. Die benannten Durchschnittswerte für einen erwachsenen Menschen betragen in dieser Maßeinheit 253 bzw. 160 Hekto-Pascal (hPa). Die meisten Tiere haben einen davon deutlich abweichenden Blutdruck. Unter den Säugetieren führt die Giraffe mit 340/230 Millimeter Hg (454/308 hPa) die Tabelle an – verständlich, denn ihr Herz muss das Blut immerhin über mehrere Meter Höhendifferenz bis zum sauerstoffbedürftigen Gehirn bewegen. Für die großen Dinosaurier hat man auf dieser Grundlage Blutdruckwerte bis 640/410 Millimeter Hg errechnet – ein Mensch wäre bei solch einem hohen Blutdruck schon längst tot.

Erstaunlich ist, dass auch Vögel trotz ihrer kleinen Körper einen ungewöhnlich hohen Blutdruck haben. Beim Haussperling etwa beträgt er 180/140 Millimeter Hg. Nach menschlichen Kategorien wäre der muntere Spatz auf dem Dach daher ein gefährdeter Hypertoniker und sicherer Infarktkandidat.

Je größer der Vogel, desto länger die BRUTDAUER?

Es gibt eine klare, mathematisch beschreibbare Beziehung zwischen Eimasse und Brutdauer. Verdoppelt sich die Eimasse, verlängert sich die Brutdauer um 16 Prozent. Ein ähnlicher Zusammenhang besteht zwischen Körpergröße und Eigröße – mehr dazu auf Seite 27. Deshalb ist eigentlich klar: Je größer der Vogel, desto größer sein Ei und desto länger die Zeit zwischen Legen und Schlüpfen. Allerdings gibt es bemerkenswerte Ausnahmen. Am deutlichsten gegen die Regeln verstößt der etwa hühnergroße Kiwi, der sein Riesenei zwei bis drei Monate (genauer: 63 bis 92 Tage) bebrütet. Die lange Brutdauer erklärt sich nicht nur aus der enormen Größe des Eies, sondern auch aus der relativ geringen Bebrütungstemperatur von nur etwa 35 Grad Celsius. Ähnlich lange sitzen nur noch einige Albatrosse auf ihren Eiern. Der Strauß bringt es gerade auf 42 bis 46 Tage. Eine der kürzesten Brutzeiten hat der heimische Buntspecht, dessen Küken bereits nach zehn Tagen schlüpfen und damit schneller als die vieler wesentlich kleinerer Singvögel, die meist zwölf bis vierzehn Tage brüten.

BRÜTEN Vögel nur im Frühjahr?

Brüten im Frühjahr hat zwei entscheidende Vorteile: Die Temperaturen steigen, so dass die Gefahr der Auskühlung von Gelege und Jungen geringer wird (bzw. die elterliche Investition in die Heizkosten sinkt). Der zweite und weit wichtigere Vorteil des Frühjahrs: Die Welt wimmelt plötzlich von kleinen Tieren. Die meisten heimischen Singvögel füttern ihre Jungen mit Insekten und Spinnen, die im Winter kaum zu finden, im Frühjahr dagegen reichlich vorhanden sind. Da Nestbau, Brut und Aufzucht der Jungen bei kleinen Vogelarten nur wenige Wochen in Anspruch nehmen, brüten zahlreiche Arten sogar zweimal im Jahr. So zieht sich die Brutperiode oft weit in den Sommer hinein.

Das Nahrungsangebot ist auch der Grund, warum sich eine unserer Singvogelarten diesem Schema gänzlich entzieht: der Fichtenkreuzschnabel. Kreuzschnäbel sind auf die Ausbeutung von Nadelbaumzapfen spezialisiert. Mit den vorne gekreuzten Schnabelspitzen haben sie auch das entsprechende Werkzeug, um Samen aus Zapfen zu gewinnen. Trotzdem ist das recht mühsam, solange die Zapfen noch fest geschlossen sind. Zur Selbstversorgung genügt es zwar, nicht aber um noch ein Nest voller Jungen durchzufüttern. Im Winter aber beginnen die Zapfen endlich, sich zu öffnen und ihre Samen freizugeben. Dann ist der Tisch für die Kreuzschnäbel reich gedeckt. Die auf der Suche nach Gebieten mit einer reichen Ernte herumvagabundierenden Vögel bauen jetzt dort ihr Nest, wo viele Zapfen locken. Die meisten Kreuzschnäbel beginnen im Januar oder Februar mit der Brut. Mitten im Winter ziehen sie ihre Jungen auf.

Wem verdankt der DOMPFAFF seinen Namen? Seine

schwarze Kappe und vielleicht auch die füllige Figur waren Anlass, den Gimpel aus der Familie der Finkenvögel „Dompfaff" zu taufen. Wobei auch die leuchtend rote Unterseite der Dompfaffmännchen, die so schön zum aschgrauen Mantel kontrastiert, an die roten Talare der Domprälaten erinnert. Letztere zeichneten sich nicht selten durch eine korpulente Gestalt aus. Zumindest gutes Essen und Trinken war den kirchlichen Würdenträgern – im Gegensatz zu anderen weltlichen Genüssen – außerhalb der Fastenzeit schließlich nicht verboten. Die gefiederten Dompfaffen bevorzugen übrigens Samen, Früchte und Knospen. Wegen letzteren gab man ihnen den Namen Bollenbisser (Knospenbeißer) oder Bollenbicker (Knospenpicker).

D Der Züricher Naturforscher Conrad Gesner nannte den Dompfaff im 16. Jahrhundert deshalb auch Brommeiß (Knospenmeise). Der Name Gimpel nimmt Bezug auf ihre ungeschickt wirkenden, hüpfenden Bewegungen (gumpen = hüpfen), wenn sich Dompfaffe einmal am Boden umtun. Ihr wissenschaftlicher Name *Pyrrhula pyrrhula* kommt aus dem Griechischen und bedeutet „feuerrot" *(pyrros).* Womit sich fast alle Namensgebungen, außer den „Fressnamen", auf die Männchen zentrieren. Die sind aber auch einfach auffälliger in ihren roten „Talaren" als die unterseits beigegrauen Weibchen. „Das Weiblein wird zu Teutsch absonderlich Quetsch wegen seiner Stimm genennet", weiß Conrad Gesner noch zu berichten – ein nicht gerade schmeichelhafter Name. Jungen Dompfaffen fehlt die Domprälaten-Tracht noch völlig. Sie kommen weibchenfarben und ohne schwarze Kappe daher „gehumpt".

Warum sitzen Vögel .. so gerne auf DRÄHTEN?
Das Bild ist uns allen bekannt: Vor allem nach der Brutzeit und beim herbstlichen Wegzug sitzen ganze Kleinvogelschwärme auf Leitungsdrähten, wobei die einzelnen Tiere oft den gleichen Abstand untereinander einhalten. Beim Anblick von Schwalben, die versetzt auf Leitungsdrähten übereinander sitzen, wurde mancher schon an eine Notenschrift erinnert. Neben Schwalben, Staren und Drosseln sind es vor allem Tauben und Rabenvögel, die man in größerer Zahl auf den Drähten sitzend sehen kann. Doch auch Turmfalke und Mäusebussard sind regelmäßige „Leitungshocker". Letztere nutzen die Drähte als Ansitzwarten, um am Boden ihre Mäusebeute zu entdecken. Auch die Rabenvögel bespähen ganz gerne ihre Umgebung von den hohen Drähten aus. Ihnen fallen von diesen „Hochsitzen" aus aber auch viel früher plötzlich auftauchende Feinde wie Greifvögel auf.

Das Gleiche gilt für die Tauben und Kleinvögel. Hier fällt die Qualität „sichere und bequeme Rast" bei der Entscheidung ins Gewicht, auf Leitungsdrähten zu sitzen. Hochspannungsleitungen erzeugen allerdings an ihrer Oberfläche und in ihrer Umgebung starke elektrische und magnetische Felder. Mit heutigem Wissenstand ist davon auszugehen, dass die dabei in Betracht kommende Wechselfeldkomponente keine nennenswerte Wirkung auf den Vogelorganismus hat. Die starken elektrischen Wechselfelder direkt auf den Leitern können bei den Vögeln zur Vibration des Federkleids oder durch die begleitenden Ströme zur Reizung der Sinnesrezeptoren in spitzen Körperpartien oder im Bereich der Flügel führen. Solche Effekte sind reversibel und stellen keine Bedrohung für die Tiere dar. Sie können als Beeinträchtigung des Wohlbefindens eingestuft werden, wobei diese Wirkungen nur im Bereich der Bündelleiter der Hochspannungsfreileitungen vorkommen.

Dagegen können Vögel an Leitungen durch Leitungsanflug und Stromschlag umkommen. Wenn Vögel Leitungsseile zu spät wahrnehmen und ihnen nicht mehr rechtzeitig ausweichen können, kommt es zu Kollisionen. Stromschlag entsteht durch Überbrückung von Spannungspotenzialen, entweder als Erdschluss zwischen spannungsführenden Leitern und geerdeten Bauteilen (auch

E

über Kriechstrom) oder als Kurzschluss zwischen Leiterseilen verschiedener Spannung. Gefahr besteht fast ausschließlich an Mittelspannungsfreileitungen (ein bis 60 kV) durch die Kombination von tödlicher Spannung und relativ kleinen Isolationsstrecken von nur fünf bis 30 Zentimetern, die von vielen Vögeln leicht überbrückt werden können. Besonders häufig ist der Erdschluss, wenn ein Greifvogel auf Masten mit stehenden Isolatoren landet und mit den Flügeln oder seinem Kotstrahl eine Überbrückung einleitet. Heute werden gefährliche Masttypen von den Energieunternehmen umgerüstet. Zudem werden in Leitungsabschnitte von Hochspannungsleitungen, die durch wichtige Vogellebensräume führen, Markierungen eingebaut, damit die Vögel diese Lufthindernisse früher wahrnehmen können.

Wer legt die dicksten EIER? Kiwis legen im

Verhältnis zu ihrer Körpergröße die dicksten Eier. Beim Streifenkiwi etwa ist ein Ei 13 × 8 Zentimeter groß und erreicht mit einem Gewicht von 500 Gramm etwa 30 Prozent des Körpergewichts des Weibchens. Nun legt ein Kiwi nicht nur ein einziges Ei, sondern deren bis zu drei. Auch sonst ist dieser neuseeländische Vogel rekordverdächtig: Die Körpertemperatur des Kiwis liegt mit etwa 38 Grad Celsius deutlich unter der anderer Vögel (42 Grad Celsius) und gleicht damit eher der eines Säugetiers. Daher hat man diesen seltsamen Laufvögeln in ihrem „haarigen" Federkleid zu Recht schon die Bezeichnung „Säugetiere ehrenhalber" verliehen. Ironie des Schicksals: In mancher Hinsicht säugetierähnlich, waren die in drei Arten und mehreren Unterarten vorkommenden Kiwis den von den neuseeländischen Siedlern eingeführten Ratten, Katzen, Füchsen und Mardern von Anfang an wehrlos ausgeliefert. Heute gelten Kiwis allesamt als gefährdete Arten. Bereits die ersten Maoris, die Neuseeland erreichten, machten Jagd auf diese Laufvögel und bedienten sich dabei der pfeifenden Revierrufe der Kiwis, die ihnen Fleisch für den Kochtopf und Federn für ihre Umhänge lieferten. Kiwifedern kamen im 19. Jahrhundert sogar als Exportschlager für Europa in Mode. Sie fanden bei uns Verwendung als Besatz von Kleidern. Inzwischen werden die Kiwis von den „Kiwis" als nationale Schätze wohlbehütet. Während Kiwis höchstens als Staatsgeschenke noch ihre neuseeländische Heimat verlassen dürfen, sind Kiwis als Früchte, die erstmals 1959 von einer Handelsfirma unter diesem Namen erfolgreich vermarktet wurden, inzwischen in aller Munde. Sie haben ihren „haarigen" Namensgebern in Sachen Bekanntheitsgrad damit wohl längst den Rang abgelaufen.

Legen die größten Vögel die größten EIER?

Diese Aussage scheint auf den ersten Blick banal: Natürlich legen größere Vögel auch größere Eier. Der statistische Zusammenhang besagt, dass eine Verdoppelung der Körpermasse des Weibchens eine Erhöhung der Eimasse um gut 70 Prozent zur Folge hat. Betrachten wir die beiden Enden der Größenskala, bestätigt sich das: Die Eier des größten aller lebenden Vögel, des Afrikanischen Straußes, wiegen bei einer Größe von durchschnittlich 159 × 131 Millimeter etwa 1.500 bis 1.600 Gramm (die erst in historischer Zeit ausgestorbenen oder ausgerotteten Madagaskarstrauße mit ihren Neun-Kilogramm-Eiern lassen wir mal außen vor), die der winzigsten Kolibris bei einer „Größe" von 11 × 8 Millimeter etwa 0,4 Gramm. Allerdings, setzen wir das Ganze in Relation zum Körpergewicht, sieht die Sache schon anders aus. Dann braucht man etwa achtzig bis hundert Straußeneier, um einen Strauß aufzuwiegen, aber nur vier oder fünf Kolibrieier wiegen schon genauso viel wie ein erwachsener Vogel! Im Vergleich zur

Körpergröße legt der kleine Vogel das wesentlich größere Ei, und es wundert nicht, dass Kolibris nur ein oder zwei Eier ausbrüten, Strauße dagegen fünf bis elf Eier legen – trotz der gewaltigen Größe der Eier eine ungleich geringere Investition.

Wenn es um Eigröße geht, muss unbedingt der Kiwi genannt werden, der seltsame Wappenvogel Neuseelands, als flugunfähiger Laufvogel ein entfernter Verwandter des Straußes. Er ist der Vogel mit dem allergrößten Ei, verglichen mit seiner Körpergröße: Beim Zwergkiwi, der vom Schnabel bis zur Spitze des kaum vorhandenen Schwanzes ganze 35 bis 45 Zentimeter misst und zwischen einem und knapp zwei Kilogramm wiegt, ist es etwa elf Zentimeter lang, 7,2 Zentimeter breit und wiegt im Durchschnitt dreihundert Gramm. Es macht damit etwa ein Viertel des Gewichts eines (ebenfalls durchschnittlich viel wiegenden) Weibchens aus und ist viermal so groß wie der für einen Vogel dieser Größe erwartete Wert. Riesig ist auch der Dotter, der über 60 Prozent des Eivolumens einnimmt.

So wie der Kiwi durch seine überdimensionierten Eier, überrascht der Kuckuck durch seine viel zu kleinen. Das hängt damit zusammen, dass der ziemlich große Kuckuck seine Eier zu viel kleineren Singvögeln ins Nest bugsiert, wo sie keinesfalls auf den ersten Blick als Mogelpackung erkennbar sein dürfen.

Einen Unterschied macht es auch, ob die Jungen als Nesthocker oder als Nestflüchter aus dem Ei schlüpfen. Erstere sitzen nahezu nackt im Nest, haben geschlossene Augen und sind weitgehend hilflos, letztere sind gleich nach dem Schlüpfen auf den Beinen und müssen, meist von den Eltern geführt und angeleitet, schon selbst

Verantwortung übernehmen. Nehmen wir eine Rabenkrähe und einen Austernfischer, die beide ein gutes Pfund wiegen. Rabenkrähen mit ihren Nesthockerküken legen Eier mit einer Durchschnittsgröße von 42 × 30 Millimetern und einem Gewicht von etwa 19 Gramm. Beim Austernfischer, dessen Junge Nestflüchter sind, messen die Eier 56 × 40 Millimeter und wiegen durchschnittlich 46,5 Gramm, also mehr als das Doppelte! Zudem nimmt bei Nestflüchtern der Eidotter etwa 40 Prozent ein, bei Nesthockern lediglich 25 Prozent. Genug der Zahlenspielerei! Eines aber wurde hoffentlich klar: Statistik hin oder her – die Natur lässt sich nur selten in ein einfaches Schema pressen.

Warum sind Vogel EIER nicht kugelrund?

Allein aus Energiespargründen und wegen des Materialaufwands wäre die Kugel die ideale Eiform. Denn bei gleicher Oberfläche ist das Volumen einer Kugel größer als das jedes anderen runden Körpers. Umgekehrt wäre eine ovale bis lang gestreckte Eiform am besten für ein leichteres Gleiten in den Eileitern des Vogelweibchens geeignet. Fast alle Eiformen orientieren sich deshalb zwischen diesen beiden Möglichkeiten, wie zum Beispiel schon ein Hühnerei zeigt.

Letztlich bestimmen aber noch zusätzlich verschiedene Anpassungen an unterschiedliche Umweltbedingungen über die Form des Eies. So sind die Eiformen an eine optimale Raumnutzung unter dem elterlichen Körper, im Nest oder an den Standort der Eiablage angepasst. Aufgrund ihrer kreiselförmigen Form rollen beispielsweise die Lummeneier kaum von den schmalen Felsgesimsen herunter, auf denen sie zum Ausbrüten abgelegt werden. Im Überblick gibt es folgende Eiformen: Rackenvögel, Eisvogelartige: kurzelliptisch; Lappentaucher: elliptisch; Flughühner, Taubenvögel: langelliptisch;

Falken, Greifvögel, Eulen: kurzoval; Entenvögel, Schreitvögel, Hühnervögel, Rallen, Möwenvögel, Singvögel und andere: oval; Flamingos: langoval; Blatthühnchen: kurzspindelförmig; Segler: spindelförmig; Röhrennasen: langspindelförmig; Pinguine: kurzkreiselförmig; Watvögel: kreiselförmig und Alke: langkreiselförmig. Womit die ovale Form als echter Kompromiss zwischen rund und lang gestreckt die häufigste und am weitesten verbreitete Eiform im Vogelreich ist.

Fühlt sich der EISVOGEL besonders wohl in Eis und Schnee?

Im Gegenteil: Sind Bäche und Seen über längere Zeit vereist, wird die Nahrung für die spezialisierten Fischjäger knapp. In sehr harten Wintern verhungern sogar zahlreiche Eisvögel. Eigentlich müsste der in tropischer Farbenpracht prangende Vogel „Eisenvogel" heißen, seiner leuchtend stahlblauen Oberseite wegen.

Vernichten ELSTERN im Garten alle Brutvögel?

Spektakel im Garten: Je lauter das Amselpaar zetert, desto neugieriger durchsucht die Elster das Gebüsch. Schließlich wird sie fündig. Das Amselnest wird geplündert ...

Nachdem der Sperber endlich seine Rolle als „Vogelmörder" losgeworden ist, haben wir einen neuen Feind. Selbst manche Naturschützer wollen der Elster endlich zu Leibe rücken. Tatsache ist: Elstern, eigentlich Vögel der offenen, mit Gehölzen durchsetzten Landschaft, sind im Lauf der letzten Jahrzehnte immer mehr in die Siedlungen eingewandert. Außerhalb der Ortschaften nehmen die Bestände dagegen nicht etwa zu, sondern oft sogar ab. Tatsache ist auch, dass Elstern, was das Fressen angeht, Opportunisten sind. Eier und Jungvögel bereichern im Frühjahr ihren Speisezettel, wenn auch nicht als Hauptgang, so doch als Dessert. Damit können Elstern in einigen Gebieten ganz schön abräumen. Besonders die Amseln leiden unter ihnen. Aber gerade sie gehören ja in den Siedlungen nicht zu den seltenen und abnehmenden Arten – ganz im Gegenteil! Bevor Entscheidungen über Leben oder Tod der Elster getroffen werden, sollte man die Emotionen beiseite packen, die in solchen Fällen äußerst schlechte Ratgeber sind, und sich stattdessen auf die Wissenschaft verlassen. Volkszählungen, über viele Jahre in einer norddeutschen Stadt durchgeführt, haben ergeben, dass bei stetig wachsendem Elsterbestand die Singvogeldichte keineswegs zurückging, sondern sogar ebenfalls zunahm.

Sind ELSTERN diebisch?

Es gibt kaum ein hartnäckigeres Vorurteil als dieses. Die „diebische Elster" ist zu einem stehenden Begriff geworden und fester Bestandteil des Volksglaubens. Selbst die höheren Künste, Literatur und Musik, bedienen sich dieses Klischees. La gazza ladra, die diebische Elster, heißt zum Beispiel eine bekannte Oper von Gioacchino Rossini, uraufgeführt in Mailand im Jahr 1817, was belegt, dass die Mär vom räuberischen Vogel schon alt ist und keineswegs auf Mitteleuropa beschränkt. Dabei geht es in stundenlangen Verwicklungen um einen Diebstahl silbernen Bestecks, der einem Dienstmädchen untergeschoben wird, bis sich die Wertgegenstände im Nest einer Elster wiederfinden. Fotos von solchen Nestern, in denen die Eier zwischen lauter Silberlöffeln kaum zu sehen sind, belegen solches Verhalten scheinbar.

Wer auf der Suche nach genaueren Beschreibungen von Durchführung, Sinn und Zweck dieser Kleinkriminalität die gängigen ornithologischen Handbücher wälzt, wird aber schmählich enttäuscht. Das ‚Handbuch der Vögel Mitteleuropas‘, die Bibel der deutschen Vogelkundler, schweigt sich fast völlig aus, von der Bemerkung abgesehen, dass bei der Kontrolle von etwa fünfhundert Nestern keinerlei glänzende Gegenstände gefunden wurden. Und im ‚Handbook of the Birds of Europe, the Middle East and North Africa‘, dem englischen Pendant, findet sich im achten Band auf Seite 60 lediglich die lapidare Bemerkung: „Contrary to popular belief, wild birds never seen to hoard anything inedible." [Anders als allgemein angenommen wurden Wildvögel nie dabei beobachtet, wie sie irgendetwas nicht Essbares versteckten.]

Also alles Lug und Trug? Fast, aber nicht ganz. Denn der Satz enthält zwei interessante Hinweise. Erstens den, dass Elstern (wie viele Arten aus ihrer Rabenvogel-Verwandtschaft) in Zeiten des Überflusses gerne Vorräte verstecken, um später etwas zu haben. Im mitteleuropäischen Handbuch lesen wir: „Versteckt werden vor allem Objekte aus dem Umfeld des Menschen (Vogel- und Tierfutter, Fleisch, Käse, Hundekot usw.), sowie Pflanzenzwiebeln (aus Maulwurfshaufen oder Gartenbeeten), aber weit seltener andere natürliche Nahrung (z. B. Eicheln)." Dabei verhält sich die Elster äußerst Verdacht erregend, als habe sie ein schlechtes Gewissen. „Sie hält nach Corviden [Rabenvögeln] Ausschau, die das Versteck ausheben könnten, späht nach einem günstigen Versteck, schlägt mit dem Schnabel ein Loch in die Grasnarbe, legt den Vorrat hinein und deckt ihn wie alle Corviden mit Erde oder pflanzlichem Material so zu, dass er vor Sicht geschützt ist." Dieses Verhalten dürfte dem Gerücht von der diebischen Elster, wenn nicht zugrunde liegen, so doch Nahrung gegeben haben. Allerdings liegen die Nahrungsverstecke meist am Boden, nie im Nest. Sie werden gewöhnlich innerhalb weniger Tage wieder aufgesucht, schließlich enthalten sie meist verderbliche Ware. Ein wahrhaft erstaunliches Ortsgedächtnis sorgt dafür, dass die Elster ihre eigenen Verstecke ohne Probleme wiederfindet.

Der zweite Hinweis ist der auf die Wildvögel. Denn zahme Vögel können sich anders verhalten. Aus berufenem Munde, nämlich dem des württembergischen Ornithologen Richard von Koenig-Warthausen, wird das mit einer netten Anekdote bestätigt: „Ich besass vor Jahren eine überaus zahme Elster, welche überall frei aus und ein gieng ...; als nun im Dorfe Ruggericht war, flog sie nach dem Rathaus und durch's offene Fenster direct auf den Tisch; eine Spritz-Salve aus dem Tintenfass über das Protocoll und schleuniger Rückzug auf demselben Wege unter Mitnahme einer dem verblüfften Beamten entfallenen Schreibfeder war das Werk eines Augenblicks. Das gespannte Verhältnis zwischen Elster und Regierung hätte nicht drastischer dargestellt werden können." Das schrieb Koenig-Warthausen im Jahr 1887 in einem Aufsatz ,Über die Schädlichkeit und die Nützlichkeit der Raben-Vögel'. Ähnliche Erfahrungen mit ihren Zöglingen konnten schon viele machen, die einen der überaus gelehrigen, neugierigen und spielfreudigen Rabenvögel großgezogen haben. Besonders fasziniert sind diese oft von glänzenden Gegenständen und spiegelnden Flächen, mit denen sie sich stundenlang spielerisch beschäftigen können. Hier liegt wohl die zweite Quelle für die Mär von der diebischen Elster.

Und die Fotos der schmuckübersäten Elsternnester? Alles Lug und Trug. Die Fotografen hatten die Löffel selber drapiert, bevor sie auf den Auslöser drückten.

Warum tragen VogelELTERN Eierschalen oder Kinderkot weg?

Mit etwas Glück oder als gute Naturbeobachter haben wir es schon gesehen: Aus einem Nistkasten zischt eine Meise heraus und trägt in ihrem Schnabel ein Stück Eierschale oder einen Kotballen. Das Wegtragen von „Geburtshülle" und kindlichem Abfall dient wohl der Sicherheit (Feindvermeidung) wie auch der Hygiene. Gehört dieses Tun aber zum „Standardprogramm" aller Vogeleltern?

Bei sehr bald das Nest verlassenden Nestflüchtern wie Rebhühnern oder Regenpfeifern können die Eischalen im Nest liegen bleiben. Sonst werden sie von den Alten aufgefressen (Recycling!) oder im Schnabel ein Stück vom Nest fortgetragen und fallen gelassen. Die Kotabgabe

der Jungen erfolgt bei einer großen Anzahl nesthockender Arten von Anfang an selbstständig in, an oder über den Horstrand, so zum Beispiel bei Schreit- und Greifvögeln sowie bei Eulen, insbesondere bei Fleisch und Fisch fressenden Arten mit dünnflüssigem Kot. Bei den Sperlingsvögeln ist der Kotballen von einem zähen Häutchen umgeben, so dass die Altvögel ihn in der Regel unmittelbar nach der Fütterung vom After des sich umdrehenden Jungvogels abnehmen können. In den ersten Nestlingstagen enthalten die Kotballen noch Nährstoffe und werden meist von den Eltern verschluckt. Später tragen sie die Kotballen im Schnabel weg, um sie in einiger Nestentfernung fallen zu lassen.

Das Wegtragen von Kot hört allerdings mit fortgeschrittenem Nestlingsalter auf. Junge Stare entleeren sich beispielsweise ab dem zehnten Tag durch das Flugloch ihrer Bruthöhle nach außen. Bei anderen Höhlenbrütern wie dem Trauerschnäpper verbleibt der Kot dann in der Nesthöhle, oder junge Finkenvögel setzen ihn auf einer Nestseite als Kotrand ab.

Wenn wir Eischalen im Gelände finden, lässt sich recht einfach feststellen, ob aus diesen ein Junges schlüpfte oder ob Eiräuber am Werke waren. Im ersten Fall handelt es sich um ziemlich regelmäßige Schalenstücke mit kleinen, abgebrochenen Teilen. Die Eihaut bildet nach dem Eintrocknen einen nach innen gerollten Wulst, die Schaleninnenseite ist ohne Dotter- und Eiweißspuren. Dagegen weisen gewaltsam von Rabenkrähen, Elstern, Möwen, dem Igel oder Mardern geöffnete Eier Hack- bzw. Biss-Spuren auf, der gerollte Wulst der Eihaut fehlt und oft finden sich noch Reste gelben Dotters oder eine glänzende Eiweißschicht im Ei. Wenn es fast ausgebrütet war, sind auch Blutspuren zu erkennen. Findet man ineinanderliegende Schalenstücke, waren es gewiss die Vogeleltern, die diese aus dem Nest transportierten. Denn um nur einmal pro Ei zu fliegen, stecken manche Singvögel die Schalen Platz sparend ineinander.

Schnattern alle ENTEN? Ihr Geschnatter

ist das Erste, was uns in Zusammenhang mit den stimmlichen Äußerungen der Enten einfällt. Obwohl diese Tiergruppe zwar nicht zu den Vögeln gehört, denen besonderer stimmlicher Wohlklang nachgesagt werden kann, verfügen viele Entenarten über eine erstaunliche Vielfalt an Lautäußerungen. Deren Bedeutung ist allerdings nur wenig erforscht.

Die Laute der Enten werden wie bei allen Vögeln in der Syrinx erzeugt, die sich am Ende der Luftröhre, d. h. an der Vereinigungsstelle der von den Lungenflügeln kommenden Bronchien, befindet. Membranen, die zwischen Knorpelringen gespannt sind und durch vorbeistreichende Luft in Schwingungen versetzt werden, sowie eine spezielle Syrinxmuskulatur erzeugen die unterschiedlichsten Lautäußerungen bei den Vögeln.

Den Enten fehlt wie einigen anderen Arten (zum Beispiel Hühnern, Tauben und dem Afrikanischen Strauß) allerdings diese Syrinxmuskulatur. Zu Hervorbringung ihrer Laute müssen sie „Zwangsstellungen" einnehmen und den Hals in eine ganz bestimmte Lage bringen, um die Membranen spannen zu können. Dennoch sind die Lautäußerungen der Enten durchaus variantenreich. Meist stehen sie in Zusammenhang mit der Fortpflanzung, sind vielfach mit artspezifischen Bewegungsweisen wie Balzgesten und Posen gekoppelt und tragen mit diesen zur Synchronisation der Paarungswilligkeit der Partner bei. Andere Laute dienen dem Zusammenhalt der Familie, von Geschwistern, des fliegenden oder äsenden Trupps oder sind Warnlaute.

Die Lockrufe der Entenmutter oder das klagende Piepsen der Entenküken sind in ihrer Funktion von uns klar einzuordnen. Laute wie das „räb-räb" der Stockente, über die beide Geschlechter gleichermaßen verfügen, dienen zumeist als Lock- oder Warnrufe. Balzlaute sind dagegen meist geschlechtsspezifisch. Laute, die zu bestimmten

Balzposen gehören, klingen bei verwandten Entenarten oft sehr ähnlich und können zur Klärung von Verwandtschaftsbeziehungen herangezogen werden.

Einige Beispiele zum Schluss: Während der Stockentenerpel ein hohes, dünnes „fihb" als Grunzpfiff loslässt, äußert sich das Weibchen am Brutplatz mit „quak". Ein vom Erpel bedrängtes Knäkentenweibchen ruft „gägägägä", unbedrängt nur „gä". Während erregte Reiherentenmänner in der Balz leise „bück bück bück" rufen, lassen ihre erregten Damen auch im Flug ein rollendes „krr krr krr" hören. Und die Schnatterente? Der Stimmfühlungsruf der Erpel zum Aufrechterhalten eines akustischen Kontakts ist ein tiefes „ärpärp", ihre Weibchen rufen stockentenähnlich, aber höher und nasaler „rääk–rääk– räk–räk".

Es lohnt sich allemal, mit Bestimmungsbuch, Fernglas und Vogelstimmen-CD zum Vergleichen einmal auf Entenpirsch an einen (Park-)Teich zu gehen.

Kriegen ENTEN kalte Füße?

Ein knackiger Wintertag, die Temperaturanzeige sitzt irgendwo im Tiefgeschoss des Thermometers, und das Wasser auf dem Parkteich ist längst zur soliden Eismasse erstarrt. Weil die Eisdecke nun so schön eben und eben nicht so steil wie die angrenzende Uferböschung ist, sitzen scharenweise die Enten darauf – mit bloßen Füßen direkt auf dem Gefrorenen. Ein Bild zum Erbarmen?

Würden wir barfuß auf das Eis gehen, hätten wir schon nach wenigen Sekunden ein heftiges Problem, denn die Eiseskälte teilt sich der Fußsohle sehr rasch als schneidender Schmerz mit. Im Unterschied zum Wassergeflügel können wir also die Eiszeit unter unseren Füßen überhaupt nicht ertragen. Offensichtlich sind die Entenfüße wesentlich schmerzunempfindlicher. Sie müssen aber zusätzlich tiefkalt sein, was Aufnahmen mit der Wärmebildkamera auch tatsächlich zeigen. Wären sie nämlich so mollig warm wie die Ente ungefähr zehn Zentimeter weiter oben, würde der Vogel seinen Stehplatz unaufhörlich anschmelzen und in der Eisdecke immer tiefer sinken. Das ist aber offensichtlich nicht der Fall.

Was auf den ersten Blick wie ein arger Mangel aussieht, ist eine bewundernswerte Anpassungsleistung: Die kalten Entenfüße sind eine außerordentlich wirksame Maßnahme gegen unnötige Wärmeverluste. Damit die Füße nun nicht völlig vereisen, gibt es eine weitere erstaunliche Einrichtung. Aus dem Entenkörper, der in seinen sympathischen Rundungen ein überaus günstiges Oberflächen-Volumen-Verhältnis aufweist, strömt nur ganz wenig Blut bis in den Fußbereich. Dort kühlt es von ca. 41 bis auf unter sechs Grad Celsius ab. Die Beinarterie, die körperwarmes Blut führt, ist dicht von mehreren kleinen Venen umgeben, die das stark abgekühlte Blut in den Körper zurückführen. Auf dem kurzen Kontaktweg kommt es zwischen beiden Blutgefäßtypen zum Wärmeaustausch: Das arterielle Blut heizt die Venen ein wenig auf, und das Blut aus den Beinen gelangt folglich nicht so schockierend kalt in den Herz-Lungen-Kreislauf, wie es ohne dieses Gegenstrom-Aufwärmen der Fall wäre.

Sind EULEN am Tag blind?

Wie bei unseren stehen auch in der Netzhaut der Vogelaugen verschiedene Typen von Sinneszellen. Zapfenförmige sind für das Farbsehen zuständig. Weil sie einzeln verschaltet sind, ergeben sie ein sehr scharfes Bild. Ihr Nachteil: Sie arbeiten nur bei genügend Helligkeit. Wenn's dunkelt, versagt die Farbwahrnehmung, wie jeder aus eigener Erfahrung weiß. In der Dämmerung übernehmen stäbchenförmige Sinneszellen das Sehen. Weil hier oft sehr viele (bis über tausend) zusammengeschaltet werden, arbeiten sie wie ein Restlichtverstärker, was aber natürlich auf Kosten der Schärfe geht. Während überwiegend dämmerungs- und tagaktive Eulen wie der vogeljagende Sperlingskauz auch Zapfenzellen haben und damit Farben sehen können, setzen die nachtaktiven wie der Waldkauz oder die Waldohreule auf Stäbchen. Diese echten Nachteulen, die in ihrer Netzhaut überwiegend Stäbchen besitzen, sind aber bei Tag mitnichten blind. Sie können allerdings, auch wenn es hell ist, kaum vom eher etwas unscharfen Schwarzweißbild zum schärferen Farbbild umschalten.

Eulenaugen verbessern die Lichtausbeute zusätzlich durch eine stark vergrößerte, gekrümmte Hornhaut und eine große Linse. Das Auge des Waldkauzes ist damit wenigstens zweieinhalbmal lichtempfindlicher als unseres. Nachtaktive Eulen kommen sogar auf eine drei- bis zehnfach bessere Dämmerungssehleistung als der Mensch. Für den nächtlichen Beutefang spielt der Gesichtssinn aber trotz dieser Anpassungen eine untergeordnete Rolle. Ist es zappenduster, ist nämlich auch für die Eule Schluss mit Sehen. Hier ist dann vor allem ihr unglaublich scharfes Ohr gefragt.

Fliegen EULEN nur nachts? Nicht

alle Eulen gehen tagsüber schlafen. Unter den einheimischen Arten ist es die Sumpfohreule, der man in ausgedehnten Feuchtwiesen oder Dünenlandschaften bei Tag begegnen kann. Sie jagt bevorzugt abends und am frühen Morgen, ist die Nahrung knapp aber selbst am helllichten Tag. Auch die kleinste europäische Eule, der Sperlingskauz, liebt die Dämmerung. Er ist auch mitten am Tag unterwegs, während er nachts oft schläft – vielleicht eine Vorsichtsmaßnahme, denn Sperlingskäuze stehen auf dem Speisezettel anderer Eulen. Lediglich in mondhellen Nächten hält es auch den Sperlingskauz nicht. Dann lässt er nächtens seinen Gesang erschallen. In den Wäldern des hohen Nordens schließlich späht die Sperbereule tagsüber von Baumwipfeln nach Beute. Der Schnee-Eule, die noch weiter nördlich lebt, bleibt oft gar nichts anderes übrig, als am Tage zu jagen. In ihrem polaren Brutgebiet geht die Sonne im Sommer lange Zeit überhaupt nicht unter.

Warum FALLEN schlafende Vögel nicht vom Ast?

Wenn wir uns mit den Händen irgendwo festhalten, ist das mit einer gehörigen Kraftanstrengung verbunden. Unsere Muskeln sind angespannt. Weil sich unsere Muskulatur im Schlaf von Haus aus entspannt, würde ein Festhalten dann nicht mehr funktionieren. Mit raffinierten „Techniken" umgehen Vögel, die im Sitzen auf Ästen schlafen, und Fledermäuse, die an Decken hängen, solcherart Probleme. Bei Vögeln verläuft die Beugesehne des Schenkelmuskels über das Knie und dem Bein hinab um das Knöchelgelenk herum bis zur Unterseite der Zehen. Diese raffinierte Anordnung sorgt dafür, dass das Kniegelenk in Ruhe durch das Körpergewicht des Tiers gebeugt wird. Dadurch bleibt die Sehne gespannt und schließt so „automatisch" die Krallen, die sich erst beim Aufrichten des Vogels öffnen.

Die Sperrmechanismen an den Vogelfüßen funktionieren so gut, dass selbst der eine oder andere tote Vogel noch am Zweig festgeklammert gefunden wurde.

Warum müssen Vögel ihr
FEDERKLEID wechseln? Für Vogel-

freunde ist der Hochsommer eine stille Jahreszeit. Besonders die beliebten Singvögel sind dann kaum noch zu hören und zu sehen. Ihr
„Unsichtbarmachen" hat einen triftigen Grund: Für die meisten
Gefiederten ist dann Mauserzeit, der Termin des Federwechsels.
Die komplizierte Feinstruktur der Vogelfedern bietet viele Vorteile,
vom Fliegen angefangen bis zum idealen Wärme- und Nässeschutz.
Doch die tagtäglich auf die Federn einwirkenden enormen mecha-
nischen und klimatischen Belastungen, einschließlich der Gefieder-
parasiten, führen zu starken Abnutzungserscheinungen. Besonders
ramponiert sind meist die mittleren und äußeren Schwanzfedern
sowie die Schwingenspitzen. Da hilft nur das Abwerfen der alten Federn und Ersetzen durch neue Federn.

Da die Mauser den Vogel-Organismus stark beansprucht, muss sie
zeitlich genau auf den Lebenszyklus der Vögel abgestimmt sein. Verschiedene Hormone sorgen dafür, dass Vögel sich erstmals nach
dem Flüggewerden und danach regelmäßig mausern. Die Mauser
erfordert einen erhöhten Energiebedarf sowohl für die wachsenden
Federn als auch als Ausgleich für die erhöhte Wärmeabgabe des
Vogelkörpers während des Federverlustes. Die zusätzliche Energie
wird durch erhöhte Nahrungsaufnahme und/oder durch Einspa-
rung an Energie für andere Aktivitäten gewonnen. So stellen Vögel
während der Mauser meist das Singen ein und die Reproduktions-
organe werden zurückgebildet. Die Mauser der in höheren Breiten
vorkommenden Arten findet deshalb oft im Spätsommer unter
günstigen Wärmebedingungen statt. Wenn zwischen Brutgeschäft
und Herbst nur wenig Zeit bleibt, muss die Mauser rasch unter
hohem Energiebedarf erfolgen. Manche Zugvögel verteilen deshalb
ihren kompletten Gefiederwechsel auf mehrere Etappen vor, während oder nach dem Zug ins Winterquartier. Die Mauser erfolgt stets

so, dass trotz des Gefiederwechsels der Vogel aktionsfähig bleibt. Die Schwung- und Steuerfedern werden in der Regel in einer bestimmten Folge ausgetauscht, um die Flugfähigkeit und -gewandtheit einigermaßen zu erhalten. Die Lücken in Flügeln und Schwanz verschieben sich dabei allmählich nach einem festen, arttypischen Schema. Solche Mauserlücken lassen sich besonders gut bei unseren segelnden Greifvögeln, wie beispielsweise Rotmilan oder Mäusebussard, erkennen. Entenvögel hingegen durchlaufen am Ende der Brutzeit eine Mauser, bei der sie kurzzeitig flugunfähig und so zu echt (flügel-)lahmen Enten werden ...

Haben nur Vögel FEDERN?

Vom heutigen Standpunkt aus betrachtet, ist das eine Binsenweisheit. Schließlich weiß jeder, dass alle Vögel Federn haben und dass ausschließlich die Vögel, und nicht etwa auch noch andere Tierarten, befiedert sind. Kompliziert wird es erst, wenn wir einen Blick in die Vergangenheit werfen. Der Urvogel *Archaeopteryx*, der vor 140 Millionen dort flatterte, wo heute Bayern liegt (von dem damals noch keiner sprach), ist an den bei einigen Funden hervorragend erhaltenen Federabdrücken zwar deutlich als Vogel erkennbar. Manche Urvögel mit sehr schlecht erhaltenen Federn wurden allerdings erst nachträglich identifiziert. Ihre Reste schlummerten in Museumsschubladen, einsortiert bei den Reptilien. Am Skelett des Urvogels gibt es nämlich kein einziges Merkmal, das nicht auch bei kleinen Sauriern nachgewiesen ist. Wäre das Evolutions-Experiment *Archaeopteryx* & Co nicht so erfolgreich verlaufen und gäbe es heute keine Vögel, würden Paläontologen den Urvogel ohne größere Bauchschmerzen als merkwürdigen kleinen Saurier klassifizieren. Noch schwieriger wird die scheinbar so einfache Sache mit den Federn durch weitere Funde gefiederter Echsen aus der Zeit kurz nach

Archaeopteryx, die in den letzten Jahren in China gelangen. Waren die Vögel also gar nicht das einzige Federvieh der Erdgeschichte?

Wer trägt die seltsamsten FEDERN?

Das ist wohl der Kiwi. Auch Schnepfenstrauß genannt, ist er nicht nur Namensgeber für die gleichnamige, vitaminreiche Frucht, sondern steht für seine Heimat Neuseeland und vor allem die Neuseeländer. Letztere bezeichnen sich selbst gerne nach ihrem National- und Wappentier als „Kiwis". Weil den echten Kiwis ein Schwanz fehlt und ihre Flügel verkümmert sind, wirken sie wie watschelnde Eier mit Schnabel. Zu diesem Erscheinungsbild tragen auch die weit nach hinten verlagerten Beine bei. Der lange, gebogene Kiwischnabel wird von den flugunfähigen, nachtaktiven Tieren zum Schnüffeln und Sondieren von Nahrung auf und im Boden eingesetzt. Das sind Insekten, Beeren, Insektenlarven und Regenwürmer. Wenn der Schnabel nicht gerade zur Nahrungssuche im Einsatz ist, stützen sich Kiwis oft auf ihn wie auf einen Spazierstock, um damit im Stand das Gleichgewicht zu halten. Nicht nur in Sachen Riechvermögen ähneln Kiwis mehr Säugetieren als den meisten Vogelverwandten. An ihrer Schnabelbasis tragen sie auch Tastborsten, die an Schnurrbarthaare erinnern und deren Funktion haben, in Wirklichkeit aber modifizierte Federn sind. Letztere sind bei den Kiwis ohnehin ein Kapitel für sich. Bei typischen Vogelfedern halten Hunderte von Strahlen mit Häkchen und Krempen die Feder zu einer elastisch geschlossenen Fläche mit zwei Fahnen zusammen. Erst diese raffinierten Verriegelungs-Mechanismen ermöglichen den Vögeln das Fliegen und auch Schwimmen. Dagegen sieht die Körperbedeckung der Kiwis von weitem eher wie ein Haarkleid aus. Das rührt daher, dass Kiwifedern ein Nebenschaft fehlt. Daher ragt der Federschaft wie ein grobes Haar aus den Fahnen hervor, die strahlenlos und daher nicht geschlossen sind. Das „haarige" Federkleid dient den Tieren als Wetterschutz und vor allem als perfekte Tarnung.

Können **FISCHADLER** ihre Beute nicht mehr loslassen? Werden sie sogar von großen Fischen in die Tiefe gezogen?

Für solche Geschichten gibt es sogar beeindruckende Fotobelege, zum Beispiel diesen: Zwei Fänge, die im vernarbten Rücken eines uralten, riesigen Karpfens staken. Der Rest des Adlers war bereits der Verwesung anheim gefallen. Das und die inzwischen teilweise eingewachsenen Krallen belegten, dass die dramatische Attacke bereits eine ganze Weile zurücklag. Der Text zum Bild führte diesen Fall als einen weiteren Beweis dafür an, dass Fischadler, wenn sie einmal zugegriffen hätten, ihre Fänge nicht mehr lösen könnten, sondern sie sozusagen freifressen müssten. Verschätzten sie sich in der Größe ihrer Beute, zögen sie unweigerlich den Kürzeren. Das ist natürlich nicht so. Wenn das Fischadlermännchen seine Beute dem Weibchen übergibt, das dann die Nestlinge füttert, lässt sich klar beobachten, dass sie durchaus freiwillig loslassen können. Wie aber kommen dann die Fänge in den Karpfenrücken? Die ornithologische Literatur kennt tatsächlich einige wenige solcher Fälle, in denen frisch tote

Adler oder Skelette an dicken Hechten, Karpfen oder Brachsen hingen, die zu schwer waren, um aus dem Wasser gezogen zu werden. Ob hier unerfahrene Adler nicht schnell genug reagiert hatten (junge Fischadler müssen mühsam üben, bevor sie sicher zustoßen können)? Oder ob die spitzen und sehr stark gekrümmten Klauen so tief in dicke Schuppen oder Knochen eingedrungen waren, dass sie tatsächlich von diesen festgehalten wurden, ähnlich wie ein zu tief in ein Brett geschlagener Nagel? Oder ob – und das wurde in Einzelfällen tatsächlich nachgewiesen – den früher unbarmherzig verfolgten „Fischräuber" die Kugel des erbosten Teichwirts in dem Augenblick traf, als er sich mit einem besonders dicken Brocken abmühte?

Können alle Vögel FLIEGEN?

„Alle Vögel fliegen hoch!" Einen Vogel zu erkennen, ist wirklich ein Kinderspiel: Er hat einen Schnabel, er hat Federn, und wenn's brenzlig wird, fliegt er weg. Tatsächlich treffen die beiden ersten Merkmale ausnahmslos zu. Das Fliegen jedoch haben manche Vögel aufgegeben. Die Pinguine zum Beispiel, die ihre Flügel allerdings noch zum „Flug unter Wasser" benutzen. Die bekanntesten Fußgänger sind der größte aller Vögel, der Vogel Strauß und seine Pendants aus Südamerika (Nandu-Arten), Australien (Emu) und Neuguinea (Kasuar). Auch die Nationalvögel Neuseelands, die merkwürdigen Kiwis, haben nur noch winzige Flügelreste, versteckt unter einem pelzähnlichen Federkleid. Die meisten Nicht-Flieger haben sich wie die Kiwis auf Inseln entwickelt, auf denen ihnen keine Feinde das Leben schwer machen. Oder machten, denn im Gefolge des Menschen sind oft Ratten, Katzen, Marder oder Füchse aufgetaucht. Kein Wunder, dass viele der wehrlosen Vögel schnell ausstarben oder extrem selten geworden sind. Oft hat auch der Mensch selbst nachgeholfen.

Der pinguinähnliche Riesenalk des Nordatlantiks landete ebenso im Kochtopf wie die berühmte Dronte, ein truthahngroßer Vogel von Mauritius, von dem außer einigen mumifizierten Körperteilen und skurrilen Bildern nichts übrig blieb.

Müssen Vögel das FLIEGEN lernen?

Nach den Säugetieren spielt wohl bei Vögeln die Lernfähigkeit unter allen Tierklassen die wichtigste Rolle. Ohne Aufnahme und Auswertung von Informationen

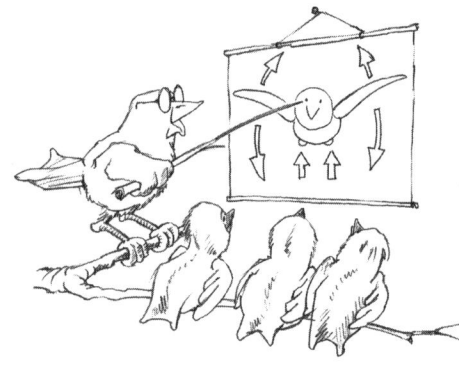

aus der Umwelt wäre das komplizierte Sozialverhalten der Vögel, die vielfältige Nutzung der Ressourcen, ihr Platz in unterschiedlichsten Lebensgemeinschaften einschließlich der Möglichkeiten weiter Ortsveränderungen durch Wanderungen, die Anpassung vieler Arten als Antwort auf Veränderungen ihrer Umwelt sowie Arealverschiebungen kaum denkbar. Manches, was wir im Sprachgebrauch als „Lernen" bezeichnen, sind allerdings nur Reifungsvorgänge in der Entwicklung der Individuen. Hier ist auch das „Fliegenlernen" von Jungvögeln einzuordnen. Ihm liegt kein Lernvorgang, sondern lediglich die Reifung in der Ontogenese des Vogels zugrunde. Wenn sie es auch vom Grundsatz her können, trainieren doch zumindest einige Arten, wie zum Beispiel Greifvögel oder Mauersegler, vor dem ersten Ab- und Ausflug im Sitzen oder Stehen ihre Flugmuskulatur. Dennoch wirken die ersten Flüge von Jungvögeln oft recht hilflos, enden manchmal nicht am angepeilten Zielort und gelegentlich sogar im Maul einer jagenden Katze.

Wer ist der höchste FLIEGER?

Spätestens seit dem Erfolgsfilm „Nomaden der Lüfte" ist vielen Menschen bekannt, dass Streifengänse *(Anser indicus)* alljährlich die höchsten Erhebungen des Himalajas auf dem Zug zwischen den Sommer- und Winterquartieren fliegend überqueren. Das sind immerhin satte 9.000 Höhenmeter. Der absolute Höhenrekord im Tierreich liegt dennoch deutlich über dieser sich jährlich wiederholenden Leistung. Ihn stellte am 29. November 1973 ein Sperbergeier *(Gyps rueppellii)* über Abidjan an der afrikanischen Elfenbeinküste auf. In 11.277 Meter Höhe kam der Geier in das Triebwerk eines Verkehrsflugzeugs. Letzteres konnte nach Abschalten des schwer beschädigten Triebwerkes zwar noch sicher landen. Der Sperbergeier hatte dagegen nichts mehr von seinem Höhenrekord. Auch Singschwäne waren auf ihrem Überwinterungsflug von Island nach Irland über den Äußeren Hebriden schon in 8.230 Meter Höhe unterwegs. Die meisten Zugvögel liegen allerdings mit ihren Reisehöhen von höchstens 1.500 Meter deutlich unter den nachgewiesenen Höhenrekorden. Nachdem Rekorde ja fair aufgestellt werden sollten, bleibt anzumerken, dass den Streifengänse eigentlich der Höhenrekord zusteht: Sie erreichen diese Höhen nicht nur regelmäßig, sondern vor allem auch durch aktives, kraftaufwändiges Fliegen, während Geier als Thermiksegler vieles der aufsteigenden Wirkung der Luft überlassen, bevor ihnen die (Höhen-) Luft ausgeht.

Wer ist der schnellste FLIEGER?

Wenn wir an schnelle Flieger denken, fallen uns sicher die Falken ein. Sie sind, allen voran der Wanderfalke (*Falco peregrinus*), allerdings nur Rekordhalter im Sturzflug. Wenn sich ein Wanderfalke aus großer Höhe auf seine angepeilte Vogelbeute herabstürzt, kann er über 200 Stundenkilometer, maximal sogar über 350 Stundenkilometer erreichen. Schneller als Falken im Geradeausflug bei gleichbleibender Flughöhe sind jedoch Vögel, de-

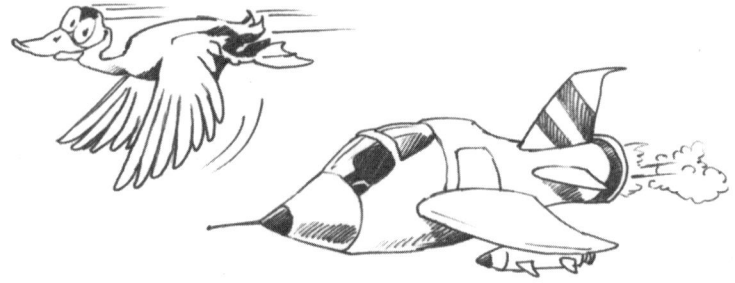

nen man solche Spitzenwerte auf den ersten Blick gar nicht zutrauen würde. Einige Enten- und Gänsearten wie Mittelsäger, Eiderente oder Spornflügelgans sind so kräftige Flieger, dass sie ausnahmsweise sogar Fluggeschwindigkeiten von 90 bis 100 Stundenkilometer erreichen können.

Wer absolviert den längsten FLUG?

Die Küstenseeschwalben (*Sterna paradisaea*) unternehmen regelmäßig den längsten Flug, wenn sie alljährlich von ihren Brutplätzen an den Küsten des Nordpolarmeeres bis ans andere Ende der Welt in die Antarktis unterwegs sind. 16.000 Reisekilometer würde die Strecke auf dem kürzesten Weg umfassen. Da die meisten Küstenseeschwalben jedoch nicht die direkte Route wählen, sondern den Küstenlinien folgen – schließlich ist nomen omen! – und dabei noch tägliche Futterflüge unternehmen, bewältigen viele Tiere mehr als 50.000 Flugkilometer jährlich.

Noch viel längere Nonstop-Flüge unternehmen die Rußseeschwalbe *(Sterna fuscata)* sowie Arten der Seglerfamilie, zu der unser Mauersegler zählt. Jungvögel dieser Arten fliegen nach dem Verlassen ihrer Brutkolonien und Nester oft mehr als ein Jahr ohne

Unterbrechung, bis sie als erwachsene Vögel an den Ausgangspunkt ihrer Flugreise zurückkehren. Für unseren Mauersegler *(Apus apus)* wurde berechnet, dass er in den zwei Jahren vom Flüggewerden bis zum Zeitpunkt seiner ersten Landung am möglichen Brutplatz bis zu 500.000 Flugkilometer Nonstop zurückgelegt hat! Das gelingt nur durch eingelegte Segelstrecken und Kurzschlafphasen, in denen eine Hirnhälfte ruht, während die andere die Wachfunktion übernimmt – etwa so wie das Pilot und Copilot bei Langstreckenflügen tun. Verglichen mit *Apus apus* bleibt aber selbst Airforce No. 1, das legendäre Flugzeug des amerikanischen Präsidenten, eine flügellahme Ente.

Wer ist mit schnellen FLÜGELschlägen unterwegs?

Wenn ein Graureiher oder ein Höckerschwan sich in die Luft erheben, kann man jeden einzelnen ihrer zwei bis drei Flügelschläge je Sekunde genau verfolgen. Bei Enten mit ihren fünf bis zehn Schlägen pro Sekunde ist die Schlagfolge dagegen schon schwerer aufzulösen, und bei schwirrenden Kolibris mit über 50 Flügelschlägen in der Sekunde kann nur noch ein zeitgedehnter Film die einzelne Flügelbewegung für unsere Augen darstellen. Noch viel schneller und häufig auch hörbar ist die Schlagfolge bei den Insekten. Hummeln sind mit ungefähr 200 Flügelschlägen je Sekunde unterwegs. Bei Stubenfliegen sind es ungefähr 330, bei den nervenden Stechmücken knapp 400 – und manche Zuckmücken bringen es sogar auf über 1.000 Flügelschläge in der Sekunde.

Warum kann die WildGANS fliegen, die Hausgans aber nicht? Kaum

einem ist der Kinderbuch-Klassiker „Die wunderbare Reise des Nils Holgersson mit den Wildgänsen" nicht geläufig – sei es als Buch oder als Trickfilmserie im Fernsehen. In ihrem Kinderbuch, das zur Weltliteratur gehört, beschreibt Selma Lagerlöf die abenteuerliche Reise des kleinen Nils Holgersson auf dem Rücken der Wildgänse, die aus ihren nordischen Brutgebieten in die Überwinterungsgebiete und wieder zurück ziehen. Womit schon der erste Teil der Frage, warum Wildgänse fliegen, teilweise beantwortet wäre.

Als Pflanzenfresser sind alle auf der Nordhalbkugel der Erde brütenden Wildgänse gezwungen, Gebiete aufzusuchen, die ausreichend pflanzliche Nahrung bieten. Da große Teile des kontinentalen Europas im Winter monatelang mit Schnee bedeckt sind und somit die Äsung für die Gänse nicht mehr zugänglich ist, überwintern die Tiere in Westeuropa, das infolge des atlantischen Klimas von längerer Schneebedeckung verschont bleibt, oder in Süd- und Südosteuropa, insbesondere am Mittelmeer und am Schwarzen Meer. Wichtigste westeuropäische Überwinterungszentren der Wildgänse finden sich auf den Britischen Inseln und in den Niederlanden, inklusive dem niederländisch-deutschen Grenzgebiet am Niederrhein. Vor ihrem Abflug in die Winterquartiere sammeln sich die Wildgänse an bestimmten Sammelplätzen. Dort finden sich im Verlauf des Spätsommers immer mehr Wildgänse ein, die dann als große Wandergemeinschaften im typischen Formationsflug zu ihrem Flug aufbrechen.

Bevor aber Gänse zu längeren Wanderflügen aufsteigen, vollziehen sich in ihrem Stoffwechsel und in ihrer Lebensweise entscheidende Veränderungen. Durch Hormone gesteuert wird die Nahrungsaufnahme so weit gesteigert, dass die Energieaufnahme den Energieverbrauch übertrifft und ein Teil der aufgenommenen Energie als „Depotfett" für die Reise gespeichert werden kann. Diese „innere Bereitschaft" zur gesteigerten Nahrungsaufnahme kannte früher jede Bauersfrau und machte sie sich für die herbstliche Gänsemast zu Nutze. Womit wir bei der Hausgans wären. Als Stammform aller heutigen Gänserassen gilt die Graugans *(Anser anser)*, mit Ausnahme der Höckergans, die von der ostasiatischen Schwanengans abstammt. Beginnend mit ihrer Domestikation im zweiten Jahrtausend v. Chr. wurden Gänse vor allem zur Erzeugung von Fleisch, Fett, Fettlebern und Federn gehalten. Aus dieser Zeit erhaltene Knochenfragmente zeigen typische, domestikationsbedingte Proportionsveränderungen, wie zum Beispiel einen kräftigeren Bau des Beinskeletts und eine außergewöhnliche Größe. Wenn dann in alten Beschreibungen von schweren, fetten Gänsen die Rede ist, die „auf dem Bauche" laufen, kann der Verlust der Flugfähigkeit infolge der Domestikation niemanden wirklich wundern.

Zersägt der GÄNSESÄGER etwa Gänse?

Wer kennt und schätzt sie nicht, die Grillhähnchen, -enten, gelegentlich auch -gänse, die in den mobilen Hähnchenbratereien vom Verkäufer mit einem elektrischen Messer in die gewünschten Portionen zerteilt werden. Dieser Hähnchenbrater und -zerteiler ist mit dem Begriff „Gänsesäger" nicht gemeint. Der Gänsesäger ist vielmehr ein Vertreter aus der großen Entenfamilie, dessen Besonderheit fein gesägte Schnabelkanten sowie ein scharfer Haken an der Schnabelspitze sind. Während die meisten Entenarten Pflanzenteile, Insektenlarven, Muscheln oder Kleinkrebse verzehren, ist unser Gänsesäger, und seine beiden europäischen Verwandten Mittel- und Zwergsäger, mit einem Schnabel wie eine Säge bestens für den Fischfang gerüstet. Einzeln oder in Gruppen umherschwimmend, spähen Gänsesäger mit eingetauchtem Kopf nach bis zu zehn Zentimeter großen Fischen, die sie dann tauchend erjagen. Daher auch der passende wissenschaftliche Name *Mergus merganser,* der so viel wie tauchende Gans (*mergo* = tauchen, *anser* = Gans) bedeutet. Der von seiner Größe zwischen dem brandgansgroßen Gänsesäger und dem kleinen Zwergsäger stehende Mittelsäger *(Mergus serrator),* trägt den

Säger im Namen (*serra* = Säge, *serrator* = Säger). Außer der Reihe jagt dagegen der Zwergsäger, zumindest während der Brutzeit. Wasserinsekten, Kleinkrebse, Muscheln und andere Wirbellose sind dann Hauptbeute des Minisägers. Erst im Winterhalbjahr geraten mehr Fische zwischen den Sägeschnabel von *Mergus albellus,* der beim Tauchen die Flügel in den Flügeltaschen belässt.

Fressen alle GEIER Aas?

Der Prototyp eines Geiers, der Gänsegeier, frisst nichts als Aas. Andere nehmen auch mal was Lebendiges, wenn es sich bietet, sei es einen vorwitzigen, vom Kadavergeruch angelockten Aaskäfer wie den Totengräber, eine Schildkröte oder ein kleines Säugetier. Selbst Knochen werden verwertet: Sie machen bis zu 85 Prozent der Nahrung des riesigen Bartgeiers aus.

Ganz ungeiermäßig ernährt sich nur der kleinste aller Geier, der plumpe, kurzhalsige Palmgeier: Er ist Vegetarier und liebt besonders Ölpalmenfrüchte. Nur nebenher frisst er auch Fleisch, wie sich das für einen Greifvogel gehört: Fische, Krabben oder Schnecken. Auch sein einziges Junges füttert er mit Palmfrüchten. Entsprechend deckt sich das Vorkommen des Palmgeiers weitgehend mit der Verbreitung der Öl- und der Raphiapalme.

Gibt es Vögel, die GIFTIG sind?

Während viele Gifttiere spezielle Werkzeuge wie besonders gebaute Stacheln und Zähne entwickelt haben, um ihr Gift Angreifern oder Beutetieren zu injizieren, oder wie Frösche und Kröten Gift über die Haut abgeben, besitzen einige Vögel giftige Federn.

An giftigen Vögeln kennt man bisher nur drei Arten von Pitohuis aus Papua-Neuguinea. Unter ihnen ist der Zweifarben-Pitohui der giftigste. Haut und Federn dieser Vögel enthalten Giftstoffe, die mit dem Gift der Pfeilgiftfrösche fast identisch sind. Immerhin würden zehn Milligramm seines Giftes eine Maus in 20 Minuten töten. Die Pitohuis setzen ihr Gift wohl als Abwehr gegen Schlangen und Greifvögel ein, die schon durch die Gefiederfärbung vorgewarnt werden. Der Entdecker der Pitohuis nimmt an, dass sie ähnlich wie die Pfeilgiftfrösche ihr Gift durch den Verzehr giftiger Gliedertiere aufnehmen.

Sind GRASMÜCKEN Insekten?

Biologische Laien denken wohl beim Namen „Grasmücke" eher an ein mückenähnliches Insekt, das sich im Gras oder über Wiesen bevorzugt aufhält. Weit gefehlt, wie Natur- und Vogelfreunde wissen! Eine ganze Singvogelgattung, die Grasmücken *(Sylvia)*, wird so benannt. Sie gehören zur Familie der Zweigsänger, sind alle recht klein oder gut sperlingsgroß und ernähren sich von Insekten.

Wer jetzt meint, dass sich diese Vögelchen meist im Gras tummeln, liegt immer noch daneben. Bevorzugter Aufenthaltsort von Grasmücken ist dichtes, dorniges Gestrüpp oder der Wald. Erst die Suche nach der wortgeschichtlichen Herkunft ihres Namens bringt etwas Klärung in das „Grasmücken-Namensdickicht". Vom 11. Jahrhundert an und in den folgenden 300 Jahren nannte man sie „grasimugga" oder „grasmucka", wobei der zweite Wortbestandteil „smucka" wohl als Ableitung von „smuken" = schlüpfen zu verstehen ist. Mit „Schlüpfer" sind die Dickicht-Liebhaber tatsächlich gut charakterisiert. Ob das im Namen Grasmücke noch verbleibende „Gra" als „Grau" zu interpretieren ist, oder man die Vögel einfach im sinnbildlich dichten Gras „schlüpfen" ließ, bleibt unter Namens-Experten weiterhin noch strittig.

Wenn wir uns die Artnamen der heimischen oder europäischen Grasmücken anschauen, machen alle einen Sinn: Die Mönchsgrasmücke mit schwarzer (Männchen) oder brauner (Weibchen) Kopfzier an Mönche erinnernd, die Dorngrasmücke als Liebhaberin von Dorngebüsch, die Klappergrasmücke mit ihrem klappernden Gesang, die Sperbergrasmücke mit gesperberter Unterseite oder die Brillengrasmücke mit ihrem schmalen, weißen Augenring, um nur einige zu nennen. Nur die Gartengrasmücke tanzt etwas aus der Reihe. Sie kommt zwar auch in verwilderten Gärten vor, „smukt" aber viel häufiger durch das Unterholz von Wäldern.

Welcher Vogel ist der GRÖSSTE?

Das ist unter den heute noch unter uns lebenden Vögeln der Afrikanische Strauß. Unter den fünf Unterarten von *Struthio camelus* ist *S. c. camelus*, der Rothals-Strauß, mit bis zu 2,75 Meter Höhe der allergrößte. Kopf und Hals dieses Rekordhalters sind allein schon 1,4 Meter lang. Sein Verbreitungsgebiet dehnt sich südlich des Atlasgebirges vom Oberlauf des Senegals und Nigers bis zum Sudan und Zentraläthiopien aus. Straußenhähne sind im Schnitt größer und schwerer als ihre Hennen (Hähne 210 bis 275 Zentimeter bei 100 bis 156 Kilogramm, Hennen 175 bis 190 Zentimeter bei 90 bis 100 Kilogramm). Gewichtsmäßig wird der Rothals-Strauß allerdings noch von seinem Vetter in Südafrika, *S. c. australis*, übertroffen. Schwergewichtige Südafrikanische Strauße können bis zu 160 Kilogramm wiegen. Weitaus schwerer wurde wohl ein prähistorischer, riesiger Vogel von Emugestalt. Vor 25.000 bis 15 Millionen Jahren in Südaustralien lebend, berechnete man anhand seiner fossilen Beinknochen ein Gewicht von bis zu 500 Kilogramm für diesen etwa 3 Meter hohen Riesenvogel *Dromoris stirtoni*. Mit diesen Maßen übertraf er den ebenfalls flugunfähigen, auf Madagaskar lebenden Elefantenvogel *(Aepyornis maximus)* bei gleicher Körperhöhe etwa um 50 Kilogramm. An Höhe reichte jedoch keines dieser beiden Schwergewichte an den ebenfalls schon ausgestorbenen neuseeländischen Riesenmoa *(Dinornis maximus)* heran. Zwar „nur" etwa 227 Kilogramm wiegend, erreichte das größte Exemplar dieser Vogelart eine Höhe von 3,7 Meter. Mit dem Auftauchen von Menschen auf den neuseeländischen Inseln war das Schicksal der Moas besiegelt. Es waren vormaorische Moa-Jäger, die etwa ab 950 n. Chr. mit ihren Hunden zuerst den völlig arglosen Moa-Arten des offenen Graslandes nachstellten, um die letzten Wald-Moas schließlich um 1500, vielleicht sogar erst im 18. Jahrhundert zu erlegen. Letzteres Datum bleibt wohl eher Wunschdenken, ebenso wie die lang gehegte Hoffnung, dass eine kleine Moa-Art den Fleischhunger der Menschen überlebt haben könnte.

Trillert die GRYLLTEISTE wie eine Grille?

Die Gryllteiste gehört zu den am weitesten nördlich brütenden Vögeln. Den Alkenvogel mit dem schwarzweißen Gefieder und seinen roten Beinen hätte man einfach nur „Grillen-Teiste" nennen brauchen. Dann wäre uns seine Namensgebung klarer gewesen. Die hoch pfeifenden Rufe von *Cepphus grylle,* die zu einem Triller gereiht sein können, erinnern tatsächlich an eine Grille. *Gryllos* (griechisch) bzw. *grillus* (lateinisch) heißt Grille, wobei das schwedische „Grylle" das Gleiche bedeutet. Und „Teiste" ist die dänische sowie norwegische Bezeichnung dieses Alkenvogels. Wenn er sich nicht gerade an unzugänglichen Brutfelsen und -klippen aufhält, taucht er im Meer nach Nahrung. Das sind vorwiegend Fische, aber auch Krebstiere, Borstenwürmer und andere Meerestiere auf dem Meeresboden oder unter großen Steinen. Die Teiste mit der grillenähnlichen Stimme zieht zwei schwarz bedunte Jungen im Schutz von Halbhöhlen und Höhlen auf, die von ihren Brutplätzen aufs Meer hinabgleiten, noch bevor ihre Schwungfedern ganz ausgewachsen sind und ihnen den Schwirrflug ihrer Eltern erlauben.

Wie steht es um die HERZfrequenz?

Wenn nicht gerade ein aufregender Geschäftsablauf zu erledigen ist oder kein Besuch der attraktiven Kollegin im Nachbarbüro ansteht, hat der normale Büro-Softy eine Puls- bzw. Herzfrequenz von etwa 60 Schlägen in der Minute. Bei den (übrigen) Säugetieren sind die Werte völlig verschieden und meist deutlich höher. Ein Igel bringt es auf ungefähr 300 Schläge in der Minute (im Winterschlaf dagegen nur 16), ein Goldhamster auf etwa 500, eine Fledermaus sogar auf über 600. Die höchsten bisher ermittelten Werte zeigte eine – möglicherweise leicht aufgeregte – Waldspitzmaus mit 1.320 Herzschlägen in der Minute. Erstaunlicherweise ist auch bei den meisten Vögeln im Vergleich zum Menschen geradezu Herzrasen festzustellen: Ein Bussard hat über 200 Herzschläge je Minute, eine Ente bis zu 350, ein Huhn bis zu 375, ein Mauersegler gar 700 und ein Sperling bis zu 850 (und das auch noch bei überhohem Blutdruck, siehe Seite 21). Wenn man einem Kardiologen solche Befunde mit hoher Anzahl an Herzschlägen und dem gleichzeitig enormen Blutdruck vorlegte, würde er vermutlich sofort Betablocker verordnen oder die Intensivstation informieren. Für Vögel sind sie aber völlig normal. Die Gründe dafür sind allerdings kaum anzugeben.

Ernähren sich HÖCKERSCHWÄNE von Fischen?

Der Höckerschwan reiht sich in die lange Liste der zu Unrecht als Fischereischädlinge verunglimpften Vogelarten ein. Bei ihm ist das besonders ungerecht, denn im Gegensatz zu Graureiher und Gänsesäger, Haubentaucher und Eisvogel ist der Schwan ein ziemlich strikter Vegetarier, dem – wie auch einem menschlichen Salatesser – höchstens mal aus Versehen eine kleine Schnecke oder ein Wurm in den Schnabel kommt. Nur ausnahmsweise wird auch mal eine Kaulquappe oder ein (vorher schon toter?) kleiner Fisch gefressen. Fischlaich und -brut bleiben unbehelligt. Algen und andere Wasserpflanzen bilden die Hauptnahrung. Zum Grasen im ufernahen Bereich verlassen die Schwäne auch gerne das Wasser.

Warum HORSTEN manche Vögel auf Strommasten?

Das Brüten auf Strommasten ist bei Vögeln zwar nicht allzu häufig, aber dennoch regelmäßig zu beobachten. Vor allem Großvögel ab Dohlengröße findet man brütend auf Strommasten. In Mitteleuropa wurden bisher rund 20 Vogelarten, vor allem Raben- und Greifvögel, als „Mastbrüter" festgestellt. Dabei werden von den Vögeln die unterschiedlichsten Masttypen genutzt und die Nester auf den Querträgern, der Mastspitze oder im Mastschaft angelegt. Interessanterweise kommen Bruten auf Strommasten sowohl in Regionen vor, in denen ein Mangel an geeigneten natürlichen Brutmöglichkeiten wie Bäume oder Felsen herrscht, aber auch in Gebieten, wo den Vögeln in unmittelbarer Nähe zu den Masten optimale Baumbrutplätze zur Verfügung stehen. Oft werden dann die Hochspannungsmasten den Brutmöglichkeiten auf Bäumen deutlich vorgezogen. Gründe hierfür sind: Strommasten sind sehr hoch und damit sicher. Durch ihren festen Bau bieten sie stabilen Halt für die Nestunterlagen. Ihre „regelmäßige Verteilung" bedeutet, dass gleichwertige Brutplätze weit gestreut vorhanden sind und somit eine gleichmäßige Revierverteilung möglich ist. Zum Strommast-Spezialisten wurde der Fischadler in seinem nordostdeutschen Brutgebiet. Früher auf den Wipfeln von Überhältern, vor allem Kiefern, am Rande von Wäldern horstend, ziehen heute die meisten Fischadler Masthorste den Baumhorsten vor. Zu den sehr häufigen Mastbrütern zählen in manchen Regionen auch Weißstörche und Nebelkrähen, zu den häufigen Turmfalken, Rabenkrähen, Saatkrähen und Elstern. Auch der Baumfalke nimmt gerne alte Krähennester auf Strommasten als Horstunterlage.

Bei einigen Masttypen besteht für die Vögel allerdings die Stromschlaggefahr. Durch ebenso einfache wie meist preiswerte Vorkehrungen können die Energieversorgungsunternehmen (was sie zum Teil auch tun) in Zusammenarbeit mit Vogelschützern mithelfen, das Nistplatzangebot für einige Vogelarten wesentlich zu verbessern. Dazu gehören Nistunterlagen oder das Anbringen spezieller Nistkästen.

Wer ist der KLEINSTE unter den Vögeln?

Dieser Titel gehört einem auf Kuba und auf Isla de Pinos lebenden Kolibri, der Bienenelfe *Mellisuga helenae*. Die rotköpfigen Männchen sind die winzigsten Vögel der Welt. Bei einer Gesamtlänge von fünf bis sechs Zentimeter machen Schnabel und Schwanz fast die Hälfte der Körperlänge aus. Während die Bienenelfenmännchen 1,6 Gramm auf die Waage bringen, wiegen die ohne Rot im Gefieder auskommenden, grüngescheitelten Weibchen immerhin 0,3 Gramm mehr. Mit sechs bis sieben Zenti-

meter Gesamtlänge auch nicht viel größer ist die Hummelelfe *Chaetocerus bombus* aus den Wäldern Ecuadors und des nördlichen Peru. Im Gegensatz zur Bienenelfe ist die Hummelelfe aber vom Aussterben bedroht. Ihr Lebensraum, der Nebelwald, wird immer weiter abgeholzt. So scheint selbst für solche Winzlinge, für die es für uns und für alle unsere Mitlebewesen keinen Ersatz gibt, aufgrund unseres Raubbaus bald kein Platz mehr auf der Erde zu sein.

Können Vögel auch kopfabwärts KLETTERN?

Dass Vögel an senkrechten Stämmen unter Einsatz ihres versteiften Stützschwanzes aufwärts klettern können, zeigen uns die Spechte, darunter auch der in Siedlungen häufige Buntspecht. Auch die Baumläufer aus der großen Familie der Singvögel, bei uns durch Garten- und Waldbaumläufer vertreten, stützen sich mit ihren versteiften Steuerfedern ab, während sie an Bäumen hochklettern. Ob Specht oder Baumläufer – zum Herunterkommen müssen sie allesamt ihre Flügel bewegen. Das „Kopfabwärts-Klettern" an einem Baumstamm beherrschen einzig und allein die Kleiber.

Die rund 25 Arten der Kleiberfamilie *(Sittidae)* sind allesamt kleine, kompakte, kletterfreudige Vögel ohne stützende, steife Steuerfedern. Oberseits sind sie meist blaugrau, unterseits hell- bis rostorange und in beiden Geschlechtern gleich gefärbt. Die meisten Kleiberarten leben in Eurasien. Unser einheimischer Kleiber *(Sitta europaea)*, auch Spechtmeise genannt, ist hochgradig an ein Leben in baumreicher Umgebung angepasst. Auffällig sind seine relativ starken Füße mit den langen Krallen. Damit kann er sich wie seine gesamte Verwandtschaft an der Oberfläche der Baumstämme bewegen und dabei sogar mit dem Kopf nach unten den Stamm abwärts klettern. Dabei hält der Kleiber Ausschau nach Insekten und deren Larven, seiner Hauptbeute. Mit seinem relativ kurzen Schnabel kann er die Beute aber nicht wie ein Specht aus tiefen Rinden- oder sogar Holzschichten heraushacken. Deshalb nutzt der kleine Kletterspezialist vor allem an der Oberfläche lebende Beutetiere, die er auf Baumstämmen und im Kronenbereich notfalls kopfunter findet. Im Herbst und im Winter steigt er auf Nüsse und Samen um, die er ebenfalls kopfauf- und -abwärts kletternd sammelt. Oft klemmt er diese in eine Spalte am Baum ein, um sie mit kräftigen Schnabelhieben aufzubrechen – das ist die so genannte „Kleiberschmiede".

Ist der KONDOR ein Greifvogel?

Der Kondor ist ein Geier und Geier gehören zu den Greifvögeln (oder Raubvögeln, wie man sie früher genannt hat – ein Begriff, der aus Gründen der political correctness inzwischen nicht mehr benützt wird). So steht es in den meisten Vogelbüchern, bis heute. Dabei fiel den Biologen schon vor weit mehr als hundert Jahren auf, dass die amerikanischen Geier, zu denen die beiden Kondorarten zählen, einige anatomische Merkwürdigkeiten aufweisen, die sie von allen anderen Greifvögeln unterscheiden. Zum Beispiel können sie nicht greifen, weil ihr Hinterzeh nicht als Widerpart der drei vorderen eingesetzt werden kann. Auch fehlt ihnen eine Nasenscheidewand. Einem im Profil betrachteten Kondor kann man deshalb quer durch die Nase gucken. Außerdem sind Kondore weitgehend stumm, während die meisten Greifvögel zumindest während der Balz laut rufen. Diese Besonderheiten führten zunächst dazu, den sieben amerikanischen Geierarten eine eigene Familie („Neuweltgeier") innerhalb der Greifvögel einzuräumen. Das Neuweltgeier-Problem blieb jedoch auf der Tagesordnung und wurde in den letzten Jahren gleich von mehreren Seiten neu angegangen. Zum Beispiel fiel auf, dass Neuweltgeier ihre Beine bei großer Hitze regelmäßig mit dünnflüssigem Kot bespritzen. Das dient der Kühlung: Die verdunstende Flüssigkeit entzieht den Läufen Wärme, das in den Körper zurückströmende Blut wird dadurch abgekühlt. Dieses eigenartige Verhalten findet man nicht nur bei Neuweltgeiern, sondern auch bei Störchen. Und weil nicht nur der Körperbau, sondern auch das Verhalten (wenigstens teilweise) im Erbgut fixiert ist, lässt sich auch aus einem übereinstimmenden Verhaltensmuster auf Verwandtschaft schließen. Zudem passen auch die oben erwähnten anatomischen Details zu den Störchen. Und das gesamte Arsenal der modernen Biologie, vom Vergleich der Chromosomen in Karyogrammen über die körpereigenen Proteine bis hin zur Untersuchung des Erbguts selbst (der DNA also) erzwingt den selben Schluss: Neuweltgeier sind keine Greifvögel, sondern nahe Verwandte der Störche! Die Geier der Alten und die der Neuen Welt trennt also eine tiefere Kluft als nur die des Atlantiks und des Pazifiks.

Bleibt die Frage, wie zwei Tiergruppen dermaßen ähnlich aussehen können, obwohl sie nicht näher miteinander verwandt sind. Altwelt- und Neuweltgeier sind beide Segelflieger mit gewaltigen Schwingen, beide ernähren sich überwiegend von Aas, beide haben lange Hälse und nackte Köpfe, bei beiden unterscheiden sich die Geschlechter nur geringfügig. Sie sind damit ein Paradebeispiel für konvergente Evolution, bei der durch Anpassungen und Spezialisierungen auf einen ähnlichen „Beruf" im Ökosystem aus ganz verschiedenen Quellen fast identische Endprodukte entwickelt werden. In unserem Fall ist dies der „Beruf" des Aasfressers, der manche dieser Anpassungsähnlichkeiten erzwungen hat. Oft entstehen solche Konvergenzen geografisch isoliert. Der Beutelwolf Tasmaniens zum Beispiel ist eine parallele Entwicklung zu den hundeartigen Raubtieren der restlichen Welt. Bei den Neuweltgeiern scheint es ähnlich. Die Altweltgeier, echte Greifvögel, segeln durch Europa, Asien und Af-

rika, die Neuweltgeier, umgewandelte Störche, suchen in Nord-
und Südamerika nach Aas. Leider war die Geschichte aber komp-
lizierter. Fossilien verraten uns nämlich, dass es Altweltgeier bis
vor 10.000 Jahren auch in Amerika und Neuweltgeier bis vor etwa
zwanzig Millionen Jahren auch in der Alten Welt gab.

Richtet der KORMORAN große ökologische Schäden an?

Nur wenige Vogelarten sind in Europa so systematisch an den Rand des Aussterbens gedrängt worden wie der Kormoran. Der große schwarze Vogel mit den grünen Augen fischt besser als die Fischer und zieht dadurch ihren geballten Zorn auf sich. Seit konsequenter Schutz für eine Zunahme der Brut- und Rastbestände gesorgt hat, kommt ein Kormoran selten allein. Wenn ein größerer Trupp in perfekter Reihenformation schwimmend ein Kesseltreiben im Fischteich veranstaltet, können einem wirklich die Tränen kommen (wenn man der Teichwirt ist). Der Ruf nach erneuter Verfolgung des Fischräubers wurde laut und lauter. Geführt wird die Diskussion sehr emotional und oft mit den falschen Argumenten. Ob Kormorane wirklich ökologische Schäden anrichten, wenn sie von Anglern vorher ausgesetzte Fische vor denselben wieder herausfischen? Oder doch eher ökonomische? Wie dem auch sei: Inzwischen heißt es tatsächlich „Feuer frei" auf den eben erst der Roten Liste Entkommenen.

Macht sich der KUCKUCK ein leichtes Leben?

Einerseits freut sich jeder, wenn im Frühling der Kuckuck ruft, andererseits ist sein Ruf nicht der beste: Seine „betrügerische" Art, sich fortzupflanzen, gilt als anrüchig. Was auch immer die Vorfahren unseres Kuckucks dazu bewogen

K

hat, die eigene Kinderstube aufzugeben, die schiere Faulheit dürfte es nicht gewesen sein. Während andere Vögel ihr Eigenheim im Frühjahr in wenigen Tagen errichten und mit der Brut beginnen, ist der Kuckuck ständig auf Achse. Schließlich gilt es, geeignete Wirtsnester zu finden. Weil im Erbgut jeder Kuckucksdame festgelegt ist, welche Färbung ihre Eier haben werden, muss sie Nester derselben Vogelart suchen, die sie selbst einst großgezogen hatte. Weicht die Farbe des untergeschobenen Eies nämlich zu stark von der Eifarbe der vorgesehenen Stiefeltern ab, könnten diese misstrauisch werden. Werfen sie das Kuckucksei aus dem Nest, war die Mühe für den Kuckuck umsonst. Ein Kuckuck kann über zwanzig Eier legen. Für jedes muss er ein anderes Nest finden – und das nicht irgendwann, sondern während die Wirtsvögel noch bauen oder Eier legen. Längere Beobachtung ist nötig, um möglichst gleichzeitig mit der Stiefmutter ein reifes Ei im Eileiter zu haben. Dann geht es blitzschnell: Gelegentlich unterstützt vom Männchen, das die vorgesehenen Ersatzeltern ablenkt, stibitzt die Kuckuckin eins der Wirtsvogel-Eier und lässt eines ihrer eigenen Eier ins Nest fallen.

Die meisten Wirtsvögel des Kuckucks sind viel kleiner als er selbst. Er legt deshalb, verglichen mit anderen Vogelarten seiner Größe, sehr kleine Eier. Im Fressen ist er weniger bescheiden: Die Jungen brauchen alles Futter und können nicht mit Stiefgeschwistern teilen. Sobald er sich von seinen Eischalen befreit hat, wirft der Wechselbalg deshalb, von Reflexen auf Berührungen seines Rückens und seiner Seiten gesteuert, alle möglichen Konkurrenten über Bord. Damit wird auch klar, warum Kuckucke nur in Nester legen, die noch keine vollständigen Gelege enthalten. Nur dann nämlich können sie sicher sein, dass ihr Sprössling zuerst schlüpft und Mitesser effektiv beseitigen kann. Etwa die Hälfte der weltweit 136 Kuckucksarten sind Brutparasiten. Ganz allein stehen sie damit nicht: Auch Kuckucksente, Witwen und Honiganzeiger lassen ihre Eier von anderen ausbrüten.

Fressen LÄMMERgeier Lämmer?

Diese unfromme Legende hat den Lämmergeier (heute wegen seines kleinen schwarzen Kinnbarts wegen meist Bartgeier genannt) in weiten Teilen seines von den Hochländern Innerasiens bis in die europäischen Gebirge reichenden Verbreitungsgebietes das Leben gekostet. Am Anfang des 20. Jahrhunderts war er in den Alpen vollständig ausgerottet. Heute scheint er rehabilitiert und wird mit großem finanziellen und ideellen Aufwand wieder angesiedelt. Inzwischen haben die ersten Bartgeier wieder in den Alpen gebrütet, eine kleine Bestandstütze für den nach wie vor europaweit extrem seltenen Riesenvogel (Spannweite bis zu 285 Zentimeter!). Der Bartgeier ist ein Nahrungsspezialist, nur heißt seine Lieblingsnahrung nicht Lamm, sondern Knochen, den er restlos verdaut. Ansonsten frisst er, wie alle Geier, überwiegend das Aas tot gefundener Tiere. Eine Ausnahme machen Schildkröten, die er ganz einfach knackt, indem er sie aus größerer Höhe fallen lässt.

Gibt es BruchLANDUNGS-spezialisten unter den Vögeln?

Aus Zeichentrickfilmen wie aus dem „richtigen (Dokumentarfilm-) Leben" kennen wir ihn: den Albatros. Dieser ausdauernde und elegante Flieger kommt beim Landen schon mal mit so viel Schwung an, dass Brust und Kopf gen Boden gedrückt werden und er mit einer halben Rolle vorwärts landet. Doch einer läuft dem Albatros in Sachen Bruchlandungen wohl noch den Rang ab: der Hoatzin, ein Vogel des tropischen Südamerika mit eindeutig prähistorischem Erscheinungsbild. Sein primitives Aussehen, der schlechte Flug und die zwei Krallen am Flügelbug der Jungtiere, die damit und mit den Füßen hangelnd im Geäst umherklettern, zwingen geradezu den Vergleich mit dem „Urvogel" *Archaeopteryx* auf. Dennoch beruhen diese Übereinstimmungen wahrscheinlich nur teilweise auf der Erhaltung einiger tatsächlich ursprünglicher Merkmale, zum anderen Teil auf Konvergenz und sind keine Anzeichen einer engeren Beziehung zu den Ursprüngen der Vogelentwicklung.

Hoatzine halten sich fast ausschließlich im Geäst von überschwemmten Wäldern entlang von Flüssen auf. Dort gleiten sie, mit den Flügeln flatternd, plump von Baum zu Baum. Ihre großen, breiten Flügel nutzen die gesellig lebenden und brütenden Hoatzine mehr zum Abstützen und Klettern als zum echten Fliegen. Die recht ruffreudigen „Schlechtflieger" haben eine nur schwach entwickelte Brustmuskulatur und einen übermäßig entwickelten Kropf, der als Kauorgan anstatt des Kaumagens dient. Ein mit Blättern, Blüten und Früchten gefüllter Kropf macht den Hoatzin noch schwerfälliger. Er ist dann so kopflastig, dass er sich nach vorn aufs Brustbein abstützen muss, um nicht die Balance zu verlieren. Die Landeversuche nach kurzen Flatterflügen sind dann kaum mehr als kontrollierte Bruchlandungen.

Wie nehmen Vögel das MAGNETFELD der Erde wahr?

Heute wissen wir durch zahlreiche Labor- und Feldversuche, dass den wandernden Vogelarten neben dem Sonnenstand, dem Sternenhimmel und charakteristischen Landmarken auch das Magnetfeld der Erde zur Orientierung dient. Oft nutzen Vögel auf dem Zug zwi-

schen Brut- und Überwinterungsgebiet zeitgleich oder in Abhängigkeit von den jeweiligen äußeren Bedingungen mehrere dieser Orientierungssysteme. Auch bei anderen Tierarten, von Schnecken, Krebsen über Fische, Amphibien und Reptilien bis hin zu Säugern, wurde solcherart Orientierungsfähigkeit nachgewiesen.

Doch wo liegt der Magnetkompass der Vögel? Bei dieser Frage nach ihrer Möglichkeit einer „nicht visuellen" Orientierung, tappten die Zugforscher lange im Dunkeln. Erst die Frankfurter Arbeitsgruppe um Prof. Dr. Wolfgang Wilschko und seine Frau Roswitha kam nach langem Suchen und Experimentieren diesem Phänomen auf die Spur. So entdeckten sie bei ihren Versuchstauben unter anderem in der Haut des Oberschnabels Magnetit als Magnetsensor. Aktuelle Untersuchungen der Frankfurter Forscher in Zusammenarbeit mit anderen Arbeitsgruppen zeigen, dass das Erdmagnetfeld von den Vögeln auf zweierlei Weise wahrgenommen wird. So scheint der auf Magnetit im Vogelschnabel beruhende Mechanismus nur die Stärke des Magnetfeldes zu registrieren. Da dieses äquatorwärts abnimmt, kann der Vogel daraus Ortsinformationen wie aus einer Landkarte ableiten. Zur Navigation auf dem Vogelzug reicht dies aber noch nicht aus. Vielmehr braucht der Vogel zusätzlich noch eine Richtungsinformation – und die liefert ihm ein Rezeptor im rechten Auge, der durch Licht aktiviert werden muss. Dabei erzeugt ein Fotorezeptor durch Absorption von Licht und nachfolgendem Elektrotransfer ein Radikalpaar, das dann an einer biochemischen Reaktion beteiligt ist. Ein schwaches magnetisches Feld wie das Erdmagnetfeld verändert den Spin des Radikalpaar-Systems und dadurch die Reaktion. So kann der Vogel wie wir mit unserem Kompass die Richtung erkennen, in die er fliegt. Womit Vögel als „Orientierungsinstrumente" quasi einen Gaußmeter in ihrem Schnabel und einen Kompass im rechten Auge tragen, die sie erst im Zusammenwirken dank des Erdmagnetfelds sicher zu ihren Zielen führen.

Sind die MÄNNCHEN immer schöner als Weibchen?

Abgesehen davon, dass Schönheitsempfinden subjektiv ist und manchem vielleicht das vornehm dezente Muster der Auerhenne besser gefällt als das protzig prangende Gefieder des Hahns, lässt sich doch feststellen, dass das buntere und auffälligere Geschlecht bei den Vögeln gewöhnlich das männliche ist. Das hängt mit der Rollenverteilung bei Balz und Brut zusammen. Männer übernehmen bei der Werbung meist den aktiven Part, stellen sich zur Schau und spreizen sich vor der holden Weiblichkeit, die dann die Wahl trifft – und nachher oft den Hauptteil des Brutgeschäfts übernimmt. Besonders exotisch gefärbt sind Männchen von Arten, die sich in Balzarenen treffen und dort konkurrieren. Die einheimischen Kampfläufer zum Beispiel, bei denen jedes Männchen eine verschieden gefärbte Halskrause hat, oder die Paradiesvögel Neuguineas, das Nonplusultra, was Gefiederfarbe, Federschmuck und skurrile Verhaltensweisen anbelangt.

Solche Unterschiede gibt es aber nicht überall. Bei zahlreichen Vogelarten sind die Geschlechter gleich gefärbt und, falls überhaupt, nur an winzigen Details zu unterscheiden. Reiher, Störche, Gänse,

viele Greifvögel, Möwen, Seeschwalben, zahlreiche Watvögel, Tauben, Eulen, aber auch Singvögel wie Rotkehlchen, Laubsänger oder Krähen gehören zu dieser Gruppe. Und schließlich gibt es noch die wenigen Fälle, in denen die Geschlechterrollen vertauscht sind. Beim Odinshühnchen und Thorshühnchen, trotz dieses Namens keine Hühner-, sondern Watvögel des hohen Nordens, sind die Weibchen prächtiger als die Männchen. Sie balzen und übernehmen die Initiative bei der Begattung. Das nicht sehr aufwändig gestaltete Nest wird überwiegend vom Männchen gebaut, das auch das ganze Brutgeschäft erledigt – bis auf das Eierlegen selbst natürlich. Damit ist die Partnerschaft auch schon am Ende. Das Interesse des Männchens an seinem Weibchen erlischt schlagartig, es konzentriert sich nun ganz auf seine neue Aufgabe als Vater. Derweil hat seine Holde das Brutgebiet meist schon längst verlassen.

Sind MAUERSEGLER Turmschwalben?

Wenn zwei sich sehr ähneln, müssen sie wohl eng verwandt sein – und flugs werden die Mauersegler, die an warmen Sommerabenden mit lauten schrillen Schreien durch die Straßenschluchten fegen, in die Familie der Schwalben eingemeindet: Turmschwalben eben. Nur wer genauer nachforscht, wird herausfinden, dass Segler, die eine eigene Vogelordnung bilden, und Schwalben, die zu den Singvögeln gehören, keineswegs wie Brüder und Schwestern daherkommen. Ihre Ähnlichkeit ist eine höchst oberflächliche, entstanden durch ähnliche Anpassungen an eine ähnliche Lebensweise. Für Insektenfresser, die ihre oft blattlauskleine Beute in rasantem Flug mit dem Schnabel aus der Luft erhaschen, gibt es einige konstruktive Zwänge. Lange schmale Flügel gehören ebenso dazu wie ein kurzer Schnabel und eine breite Maulspalte, die wie ein Käscher funktioniert. „Konvergenz" nennen Biologen solche oft verblüffenden Anpassungsähnlichkeiten, die Verwandtschaft vortäuschen, wo keine besteht.

Können MAUERSEGLER auch vom Boden starten?

Nachdem nun geklärt ist, dass Schwalben und „Turmschwalben", wie die Mauersegler auch genannt werden, ihre Ähnlichkeit nicht naher Verwandtschaft, sondern ähnlichen Anpassungen verdanken, kann mit einem weiteren Vorurteil aufgeräumt werden. Die mit ihren überlangen Schwingen vollständig an das Leben als Luftplankton-Jäger angepassten Mauersegler haben erstaunlich winzige Füße. Das hat zu der verbreiteten Auffassung geführt, sie könnten, einmal versehentlich auf dem Boden gelandet, nicht wieder aus eigener Kraft starten. Man müsse einen gefundenen Mauersegler in die Luft werfen, um ihn auf diese Weise vom elenden Tod zu erretten. Der wahre Kern dieser Geschichte liegt wohl darin, dass man sel-

ten einen gesunden Mauersegler am Boden findet, und dass durch Krankheit oder Hunger geschwächte, notgelandete Tiere tatsächlich kaum mehr in der Lage sind, abzuheben. Das gilt allerdings nicht für gesunde Mauersegler. Ich zitiere hier die „Ornithologen-Bibel", das ‚Handbuch der Vögel Mitteleuropas': „Gesunde Tiere starten mühelos vom Boden, sofern eine freie Strecke von zehn bis zwölf Metern vorhanden ist. Sie richten sich auf, stellen die Flügel fast senkrecht, schnellen mit einem kräftigen Abschlag hoch und streichen fledermausartig ab. Mit den Füßen kann sich der Vogel dreißig bis fünfzig Zentimeter hochkatapultieren oder einen Sprunglauf von etwa drei bis fünf Schritten unternehmen. Obwohl die Handschwingen zunächst die Unterlage berühren, stößt sich der Mauersegler nie mit den Flügeln vom Untergrund ab." Noch Fragen?

Singt die NACHTIGALL nur nachts?

Ob die Nachtigall wirklich der beste heimische Sänger ist? Obwohl vor allem das berühmte „Schluchzen" sehr zu Herzen geht, hat sie einige Konkurrenten, die ihr an Lautstärke, Klangfarbe und Einfallsreichtum nicht nachstehen. Aber über Musikgeschmack lässt sich bekanntlich nicht (oder ewig) streiten. Dass der Gesang der Nachtigall einen Gutteil seiner zauberhaften Wirkung der besonderen Atmosphäre der Nacht verdankt, merkt man spätestens, wenn es hell wird. Auch am Tag verstummt die Nachtigall nämlich keineswegs, nur ist sie dann eben keine andächtig belauschte Solistin mehr, sondern fügt sich in den Chor vieler anderer guter Sänger ein.

Bauen alle Vögel **NESTER?**

Unglaublich vielfältig sind die Bauwerke der Vögel. Vom schlampi-
gen Spatzennest bis zum kunstvoll geflochtenen Bau eines Weber-
vogels, vom offenen Napf einer Amsel bis zur geschlossenen Kugel
einer Schwanzmeise reicht die Skala. Dabei werden die verschie-
densten Materialen verarbeitet. Nicht nur Halme und Äste sorgen
dafür, dass Eier und Nachwuchs es warm haben und weich liegen.
Viele Schwalben bauen ihre Nester aus Lehm, ebenso der Töpfervo-
gel, dessen Junge in der großen Tonkugel mit dem seitlich um die
Ecke führenden Eingang sowohl vor Hitze als auch vor Nesträubern
gut geschützt sind. Salanganen formen ihre kleinen Nestnäpfe aus
ihrer eigenen Spucke. Spechte meißeln in tagelanger Kleinarbeit
Baumhöhlen. Das merkwürdige Thermometerhuhn türmt riesige
Komposthaufen auf, in denen es seine Eier durch die Verrottungs-
wärme ausbrüten lässt.

Auf der anderen Seite: Es geht auch ohne Nest. Woher sollten zum
Beispiel die Kaiserpinguine im ewigen Eis der Antarktis Nistmate-
rial nehmen? Sie machen aus dem eigenen Körper ein Nest, indem

sie ihr Ei auf den Füßen balancieren und es mit einer Bauchfalte einmummeln. Viele am Boden brütende Nestflüchter – dazu gehören zahlreiche Seevögel – investieren ebenfalls kaum Arbeit in aufwändige Nestkonstruktionen. Eine in den Sand gedrehte Mulde, ein paar symbolische Halme oder dekorative Muschelschalen genügen oft. Schließlich dient das Provisorium nicht als Kinderstube, sondern nur als Brutstätte. Die Kleinen sind wenige Stunden nach dem Schlüpfen schon mit ihren Eltern auf und davon. Völlig auf den Nestbau verzichten die Falken, die entweder Felsnischen nutzen oder sich umsehen müssen, ob sie nicht einen günstigen Altbau beziehen können, ein Krähennest vom Vorjahr etwa. Und natürlich kommt auch der Kuckuck ganz ohne (eigenes) Nest aus.

Darf man aus dem NEST gefallene Vögel nicht mehr zurücksetzen?

Menschengeruch an wieder ins Nest beförderten Ausreißern führt dazu, dass die ganze Brut verlassen wird – so die Volksmeinung. Was also tun mit der kleinen Flaumkugel, die kläglich piepsend unter dem Busch sitzt? So grausam es klingt: Sitzen lassen ist meist die weiseste Entscheidung. Oft verlassen Jungvögel schon vor dem Flüggewerden das gar nicht so sichere Nest und treiben sich noch ein paar Tage halb hüpfend, halb flatternd in der Gegend herum, bevor es mit dem Start richtig klappt. Lautes Geschrei verrät den rastlosen Eltern, wo sie ihre Futterration loswerden können. Anders ist das mit ganz hilflosen Küken, bei denen überall noch die nackte Haut durch den Babyflaum schimmert. Sie überleben tatsächlich nicht. Oft ist das aber geplant. Vogeleltern verhalten sich da ganz unsentimental. Wer sich merkwürdig verhält oder schlapp macht, fliegt raus. Stellt man menschliche Wertvorstellungen mal hintan ("Kindsmord!"), ist das eigentlich ganz vernünftig. Denn ein krankes Küken kann den gan-

zen Bruterfolg gefährden, wenn es seine Geschwister ansteckt. Es gibt also gute Gründe für uns Menschen, uns völlig herauszuhalten, wenn wir auf einen solchen Fall treffen. Falsch ist aber die eingangs geäußerte Begründung. Vögel sind „Augentiere" wie wir Menschen. Der Geruchssinn spielt, anders als bei vielen Säugetieren, keine wichtige Rolle bei den Eltern-Kind-Beziehungen. Zwar geben manche Vögel ihr Nest auf, wenn sie sich zu Beginn der Brut stark gestört fühlen. Um Futter bettelnde Jungvögel sind aber ein sehr starker Reiz für ihre Eltern. Ihm können sie kaum widerstehen, und so muss man bei den meisten Vogelarten kaum befürchten, dass sie ihre Brut wegen einer kleinen Störung oder gar wegen eines nach Menschen duftenden Nestlings sitzen lassen.

Fangen NEUNTÖTER neun Beutetiere, bevor sie fressen?

Seine Angewohnheit, Beutetiere auf Dornen aufzuspießen, hat dem Rotrückenwürger im Volksmund eine ganze Reihe übler Namen eingebracht: Neuntöter, Neunmörder, Würgeengel, Dorndreher, Spatzenstecher oder Finkenbeißer. Im Gegensatz zu seinem großen Verwandten, dem Raubwürger, sind Vögel aber eher selten in der Speisekammer des Neuntöters zu finden. Er steht eher auf große Insekten; in ausgesprochenen Mäusejahren hängt er allerdings auch viele Mäuse auf. Weil große Käfer, Hummeln und Heuschrecken bei schlechtem Wetter kaum unterwegs sind, mindern Kälte und Regen seinen Jagderfolg erheblich. Da erweist es sich als äußerst vorteilhafte Strategie, bei gutem Fang einen Teil der Strecke auf Dornen aufgespießt aufzubewahren. Wenn's regnet oder auch morgendliche Kühle und Tau noch keine erfolgreiche Jagd ermöglichen, wird darauf zurückgegriffen. In schlechten Zeiten wird die Speisekammer restlos geplündert. Die Vorratshaltung der Neuntöter richtet sich also nicht nach der Mathematik, sondern nach Angebot und Nachfrage. Aufgespießt wird übrigens nicht nur für später, sondern auch, um besser fressen zu können. „Käfer am Spieß" ist leichter handzuhaben als „Käfer aus der Hand".

Wer hält den Weltrekord im NONSTOP-FLUG? Ohne partielle

Schlafpausen in der Luft wie der Mauersegler hält neuerdings diesen Rekord eine Pfuhlschnepfe. Neuseeländische Wissenschaftler hatten 16 Tiere dieser mit der heimischen Uferschnepfe nahe verwandten Watvogelart mit kleinen Sendern ausgestattet, um deren Flugleistungen herauszufinden. Während einige der mit Sender ausgestatteten Vögel auf ihrem Flug von den neuseeländischen Winterquartieren in ihre Brutgebiete – die arktische Tundra – eine Rast auf Papua-Neuguinea, den südlichen Philippinen oder einer mikronesischen Insel einlegten, flogen vier Sendervögel ohne Pause bis China oder Korea. Rekordhalter war ein Tier, das neun Tage lang von Neuseeland bis ans nördliche Ende des Gelben Meeres fliegend unterwegs war und dabei mit 10.220 Kilometer den längsten, jemals aufgezeichneten Nonstop-Flug eines Vogels zurücklegte. Wahrscheinlich könnten Pfuhlschnepfen *(Limosa lapponica)* solche Flugleistungen häufiger erbringen. Dem entgegen steht das Schwarmverhalten der Tiere auf ihren Wanderungen. Wenn ein Vogel der in kleinen Schwärmen von 30 bis 70 Tieren ziehenden Pfuhlschnepfen irgendwo erschöpft zur Erde runtergeht, fühlt sich wohl der ganze Schwarm zur Zwischenlandung bemüßigt.

Auch bei uns in Mitteleuropa sind Pfuhlschnepfen an der Küste häufige Durchzügler und Wintergäste, vor allem an der Nordsee. Die Winterquartiere dieser Schnepfenvögel sind die Küsten Westeuropas sowie die afrikanische Atlantikküste. Auch hier ziehen sie Tag und Nacht und können dabei etliche tausend Kilometer Flugstrecke ohne Pause zurücklegen. Um Energie zu sparen, richten die Vögel ihre Flughöhe nach den jeweils günstigsten Windströmen aus. Woher weiß man das? Mithilfe von Zielfolgeradar lässt sich der Luftraum nicht nur militärisch überwachen, sondern gibt so auch manche Geheimnisse unserer gefiederten Langstreckenflieger preis.

Leben wilde PAPAGEIEN in Deutschland?

So mancher hat auch bei uns einen Vogel. Kanarienvögel sind besonders beliebt, aber häufig findet man unter den Käfigvögeln auch andere Arten – gelegentlich nicht unbedingt im Einklang mit den geltenden Artenschutzbestimmungen wie beispielsweise im Fall der Papageien. Bislang war Europa der einzige Kontinent, auf dem von Natur aus wild lebend keine Papageien vorkommen. Das hat sich innerhalb der letzten Jahre gründlich geändert, denn gleich mehrere Arten haben sich unterdessen

in der heimischen Vogelwelt etabliert.
Manche dieser Tiere wurden ausgesetzt, andere entkamen aus ihren Trans-
portbehältern oder Käfi-
gen. Erstaunlicherwei-
se schafften sie es, die
für sie ungewohnten
Winter zu überleben
und sich sogar erfolg-
reich zu vermehren.
So bevölkern den Stuttgarter Rosen-
steinpark seit Jahren einige Dutzend südamerikanische Gelbscheitelamazonen. Zwischen
Nürnberg und Würzburg kann man Mönchsittiche
beobachten, in Hamburg leben Alexandersittiche, und
entlang des Rheins bis nach Köln sind mehrere Populationen
von grasgrünen und sehr lautstarken Halsbandsittichen bekannt.
Ähnlich wie man die aus gänzlich anderen Regionen eingebürger-
ten Pflanzenarten Neophyten nennt, bezeichnet man die ursprüng-
lich fremdländischen Tierarten als Neozoen. Ihr Anteil an der heimischen Fauna ist beachtlich. Zu den Neozoen gehören nicht nur
Vogelarten wie die Papageien oder diverse Muschelarten in den größeren Fließgewässern, sondern immer häufiger auch Insektenarten
und andere Gliedertiere.

Werden PAPAGEIEN älter als Menschen?

In der Tat beeindrucken manche Papa-
geien durch hohes Alter und werden von Generation zu Generation
vererbt, was angesichts der Schnelllebigkeit vieler Stubenvögel den
Eindruck ewigen Lebens vermitteln kann. Aber gerade angesichts

solcher Werte neigen wir zur Übertreibung. So wie sich Maße und Masse von Blauwal und Elefant ins nahezu Unermessliche steigern, glaubt man Walfängern und Jägern, wird auch das Lebensalter von Papageien vermutlich oft übertrieben. Was aber stimmt nun? Der schnelle Klick – eine Suchanfrage im Internet – steigert die Verwirrung nur. Einigkeit zwischen Sensationshaschern und Wissenschaftlern besteht aber wenigstens darin, dass sich unter den Papageien die langlebigsten Vogelarten finden, knapp gefolgt von den Rabenvögeln, den Eulen und den Greifvögeln – jedenfalls wenn man Werte aus der Gefangenschaftshaltung zugrunde legt. Weitgehende Übereinstimmung besteht auch darüber, dass innerhalb der Papageien der Gelbhaubenkakadu Alterspräsident ist (wenn auch manche den Graupapagei favorisieren). Nur an der entscheidenden Stelle klafft leider eine Datenlücke. Vorsichtige Ornithologen gestehen nur zu, dass die großen weißen Kakadus über 50 Jahre alt werden, aber auch die Angabe von mindestens 80 Jahren ist in den Fachbüchern zu finden. Weiter scheint sich aber kein Wissenschaftler vorzuwagen. Populäre Darstellungen, die den Papageien ein Höchstalter von weit über hundert Jahren zubilligen, müssen auf den offiziellen Segen der Wissenschaft verzichten, weil sie nicht glaubwürdig zu belegen sind. Und so halten wir als vorläufiges Endergebnis fest: Manche Papageien stoßen in Bereiche vor, in denen wir auch Menschen als alt bezeichnen. Das verbürgte Höchstalter des Menschen, das weit jenseits der Hundert liegt, scheinen sie aber nicht zu erreichen.

Füttern PELIKANE ihre Jungen mit Blut?

Auch wenn heutzutage wohl keiner mehr diesem Märchen aufsitzt, ist es nicht uninteressant, seiner Entstehung nachzugehen. Immerhin hat es auch Eingang in die christliche Mythologie gefunden. Zunächst aber die Geschichte, wie sie im Physiologus, dem ältesten christlichen Tierbuch aus dem dritten Jahrhundert n. Chr., erzählt und von dem Züricher Literaturwissenschaftler Rudolf Schenda so wiedergegeben wird: „Wenn er [der Pelikan] die Jungen hervorgebracht hat, dann picken diese, sobald sie nur ein wenig zunehmen, ihren Eltern ins Gesicht. Die Eltern aber hacken zurück und töten sie. Nachher jedoch tut es ihnen leid. Drei Tage trauern sie um die Kinder, die sie getötet haben. Nach dem dritten Tag aber geht die Mutter hin und reißt sich selber die Flanke auf, und ihr Blut tropft auf die toten Leiber der Jungen und erweckt sie." Nach einer anderen Quelle tötet das Weibchen des Pelikans seine Jungen durch stürmische Liebkosungen, worauf das Männchen mit dem Schnabel die eigene Brust aufreißt. Das herausrinnende Blut erweckt die toten Jungen wieder zum Leben.

Als Sinnbild Jesu, der sein Blut für die Erlösung der Menschen vergießt, taucht der Pelikan in der mittelalterlicher Kunst verschiedentlich auf, so zum Beispiel im Freiburger Münster.

Hat diese Legende überhaupt einen naturwissenschaftlichen Kern? Dass die jungen Pelikane den Eltern ins Gesicht picken, stimmt jedenfalls. Sie bedienen sich oft direkt aus deren Kehle mit Fischen, die

aus dem Kropf hochgewürgt werden. Es macht schon einen ziemlich martialischen Eindruck, wenn die Jungen ihren auch schon recht großen Schnabel weit in den des Altvogels rammen. Schwieriger zu deuten ist die Sache mit dem Blut. Vielleicht beruht sie auf Beobachtungen, dass Pelikane vorverdaute Fischnahrung hervorwürgen, die oft rötlich aussieht. Möglich auch, dass der gelblich bis rostrot gefärbte Brustfleck, den beide in Europa vorkommenden Arten, Rosa- und Krauskopfpelikan, tragen, die Assoziation mit einer blutig aufgerissenen Brust haben entstehen lassen.

Warum brauchen PINGUINE keine Wollsocken?

Schon der Anblick eines Pinguins auf einer Eisscholle müsste zu denken geben: Wie ist es möglich, dass die Vögel mit bloßen Füßen auf der Eisfläche stehen? Hätte man uns ohne Schuhe und Strümpfe auf Eis gelegt, würden wir dessen Temperatur nicht nur als unfreundlich, sondern schon nach wenigen Augenblicken als äußerst schmerzhaft empfinden. Klirrende Winterkälte ist nicht bitter – sie erzeugt, weil sie wegen der drohenden Unterkühlung lebensbedrohlich ist, heftige Schmerzen, die rechtzeitig alarmieren.

Unser Problem mit der winterlichen Kälte ist unsere immer gleich-
bleibende Eigentemperatur, die der gesunde Körper automatisch auf
etwa 37 Grad Celsius einreguliert. Selbst wenn wir mal kalte Füße
oder eine rote Nase haben, weichen deren Temperaturwerte von der
Solltemperatur nicht allzu dramatisch ab. Zusammen mit den übrigen Säugetieren gehören wir also stoffwechseltypologisch zu den
Gleichwarmen bzw. Endothermen.

Vögel sind neben den Säugetieren die einzigen Gleichwarmen im
Tierreich. Allerdings können einzelne Arten Teile ihres Körpers aus
diesem Wärmeprogramm auskoppeln, die heimischen Enten (siehe
Seite 37), Gänse und Schwäne beispielsweise ihre Füße: Diese sind
kaum durchblutet und verursachen somit keine Wärmeverluste,
während die zugehörigen Muskeln allesamt im rundlichen Vogelkörper sitzen, der ohnehin ein ziemlich günstiges Oberflächen-Volumen-Verhältnis aufweist. Ähnlich verhält es sich bei den Pinguinen.
Nur die relativ größten Arten brüten in der Südarktis. Bei den Kai-
serpinguinen ist das Brutgeschäft sogar ausschließlich Sache der
Männchen, die dazu fast drei Monate lang ziemlich reglos auf dem
Eis ausharren. Sie holen sich dabei sicher kalte Füße, aber sie spü-
ren diese nicht, weil sie in dieser Körperregion ektotherm sind.

Fallen **PINGUINE** rückwärts um, wenn ein Flugzeug sie überfliegt?

Dieses Gerücht scheint ein skurriles Nebenprodukt des nicht min-
der skurrilen Falklandkriegs zu sein: Wenn ein Flugzeug über Pinguine hinwegfliege, so behaupteten britische Piloten, legten die Vögel ihren Kopf immer weiter in den Nacken, bis sie schließlich um-
kippten. Wissenschaftlicher Überprüfung hielt das Pinguin-Domino
leider nicht stand. Zur Probe kreuz und quer überflogene Pinguine
wurden durch die lärmenden Flugmaschinen in Angst und Schre-

cken versetzt, worauf sie zu flüchten begannen. Rückwärts umgekippt ist bei den Versuchen kein einziger.

Leben PINGUINE nur in der Antarktis?

Wahr ist, dass Pinguine nur auf der Südhalbkugel leben und das Nordpolarmeer pinguinfreie Zone ist. Wahr ist auch, dass kaum ein Vogel dem extremen Klima der Antarktis derart angepasst ist wie die größte Art, der Kaiserpinguin, bei dem die Männchen in dicht gedrängten Brutkolonien während des bitter kalten, dunklen Winters brüten und dabei etwa ein Vierteljahr ohne Nahrung auskommen. Falsch dagegen ist, dass sich Pinguine nur in solch extremen Klimaten wohlfühlen. Die meisten der siebzehn Arten ziehen das weniger harte Leben auf den Inselgruppen rund um den antarktischen Kontinent und im Süden Australiens, Afrikas und Südamerikas durchaus vor. Der Brillenpinguin überschreitet an Südafrikas Küsten sogar die Wendekreise und der südamerikanische Humboldtpinguin stößt noch viel weiter in die Tropen vor. Selbst unmittelbar unter der Äquatorsonne lebt noch ein Pinguin, der Galapagospinguin. Das geht, weil weniger die Temperaturen als das Fressen die Verbreitung der Pinguine bestimmen. An der südamerikanischen Westküste sorgen der kalte Humboldtstrom und aufdringendes Tiefenwasser für nährstoffreiche Verhältnisse. Die dortigen Gewässer sind ungewöhnlich plankton- und fischreich. Das ist die Grundlage großer Seevogelkolonien, die eben auch Pinguine mit einschließen. In manchen Jahren schiebt sich warmes Oberflächenwasser über den kalten Strom. Das als „El Niño" („das Kind", weil um die Weihnachtszeit auftretend) bekannte Klimaphänomen ist für die Seevögel eine Katastrophe. Sie verhungern massenweise. Der Galapagospinguin war dadurch schon nahe am Aussterben, bevor sich seine Bestände wieder erholt haben.

Sind RABEN überall häufig? In der Umgangssprache zählen alle großen schwarzen Vögel zu den Raben.

Sowohl der Vogel- als auch der Volkskundler differenzieren hier. Sie behalten den Namen Rabe dem Kolkraben vor, dem bussardgroßen Wotansvogel, dem Begleiter der germanischen Götter. Der schwarze Mythenvogel ist der weitaus größte und gleichzeitig der seltenste aller Rabenvögel in Mitteleuropa. Heftige Verfolgung ließ das Verbreitungsgebiet des Kolkraben bei uns auf wenige Gebiete in den Alpen und in der norddeutschen Tiefebene zusammenschrumpfen. Rigide Naturschutzgesetze und eine Imagekampagne sorgen aber seit einigen Jahrzehnten zum Glück wieder für eine Rückkehr des faszinierenden Vogels in seine angestammten Brutgebiete.

Was landläufig als Rabe läuft, ist die kleinere Verwandtschaft des Kolkraben, die Krähe. Oder, genauer gesagt, die Krähen, denn es gibt zwei einheimische Arten, die Saatkrähe und die Aaskrähe (von der noch kleineren Dohle mit ihrem grauen Nacken können wir hier absehen). Die Aaskrähe ist eben dabei, sich wiederum in zwei Arten aufzuspalten, die im Westen verbreitete Rabenkrähe, die mit ihrem schimmernd-schwarzen Gefieder tatsächlich einer kleineren Ausgabe des Kolkraben gleicht, und die östliche Nebelkrähe mit einem grau gefärbten Körper. Beide sind, im Gegensatz zum Kolkraben, echte Allerweltsvögel, die, vom geschlossenen Wald einmal abgesehen, nirgends fehlen. Beide lassen sich auch leicht am Ruf vom Raben unterscheiden. Das tiefe sonore Rufen des Kolkraben ist ebenso unverkennbar wie das, nun ja, etwas ordinäre Krächzen seiner kleineren Verwandten.

Sind RABEN schlechte Eltern?

Im Rabennest geht es gemütlich zu. Die Jungen schlüpfen schon gegen Ende des Winters, aber unter den wärmenden Eltern und im kuschelig ausgepolsterten Nest sind auch strenge Fröste kein Problem. Wenn's richtig kalt ist, steht das Weibchen selbst bei der Fütterung kaum auf und vergräbt ihre Küken regelrecht in der überwiegend aus gesammelten Haaren und Fellfetzen bestehenden, peinlich sauber gehaltenen Polsterung. Ist es dagegen sehr heiß, sorgt die Rabenmutter für Kühlung. Sie badet und erfrischt ihre Brut mit einem klatschnassen Bauchgefieder. Drei Monate bleibt die Rabenfamilie zusammen, ehe die Jungen selbstständig werden, und so lange dauert auch die gegen Ende natürlich etwas nachlassende Fürsorge der Eltern für ihren Nachwuchs. Rabeneltern? Richtig verstanden, ist das ein Kompliment!

Bringen RABEN Unglück?

Raben lassen niemanden kalt. Die rabenschwarze Farbe, das unheimliche Krächzen und ihre Vorliebe für Aas haben den Ruf der Raben (die meist mit den nahe verwandten Krähen in einen Topf geworfen werden) nachhaltig geprägt. Im Volksglauben spielen sie eine große Rolle. Über kaum einen Vogel gibt es seit der Antike so viele Geschichten, Sagen und Legenden wie über die Raben und Krähen. Egal ob Griechen, Römer oder Germanen: Raben geistern durch die Mythen aller Kulturen. Bei der Vogelschau, im alten Rom zur Weissagung der Zukunft betrieben, bedeuteten Raben von links stets Unglück, ein Omen, das sich mancherorts bis in die Neuzeit gehalten hat. Der germanische Obergott Wotan wurde immer von zwei Raben begleitet, Hugin und Munin, die auf seinen Schultern saßen und von ihm alle Tage als Kundschafter ausgesandt wurden. Ihnen oblag auch, gemeinsam mit den Wölfen, die Bestattung der in der Schlacht Gefallenen. Legion sind die Wetter-, Schlachten- und Unglücksvorhersagen, die Schilderungen von Raben als Hexen- und Teufelsaccessoire in tausend lokalen Varianten.

Natürlich bringen Raben kein Unglück. Aber sie sind oft Begleiter des Unglücks, ob großer Naturkatastrophen oder menschlicher Tragödien. Die Aasfresser wurden als Vögel der Richtplätze, Friedhöfe und Schlachtfelder, als Galgenvögel und Leichenfledderer eben, meist mit schlechten Zeiten in Verbindung gebracht. Zu Recht. Nur hat man wie so oft Ursache und Folge verwechselt.

Sind RABENVÖGEL gefährliche „Killer"?

Während früher Rabenvögel als Verursacher oder Boten des Unglücks galten, das von verlorenen Schlachten über Hungersnöte, Seuchen und Hexeneinflug bis zum Verlieren der Unschuld reichte, stempelt man sie neuerdings zu ge-

fährlichen „Killervögeln" ab. Nicht
nur unsere beliebten kleinen Singvögel, auch Junghasen, Lämmer und
Kälber sollen sie auf dem Gewissen
haben und in Hitchcock-Manier
auch noch Menschen angreifen.
Bei sachlicher Auseinandersetzung
bleibt von diesen emotional bestimmten Vorwürfen nichts übrig.
Richtig ist, dass Rabenvögel als Aasfresser sich früher an der Besei-
tigung der Schlachtopfer beteiligten. Die „Galgenvögel" stellten sich
gerne auch an Hinrichtungsplätzen ein, wenn sie ihnen Futter boten. Ansonsten liegt die große Stärke der Rabenvögel gerade darin,
dass sie Spezialisten fürs Nichtspezialisiertsein sind. Nur so konnten sich Allesfresser wie Krähen und Elstern sehr erfolgreich in unseren Städten mit ihrem reichen Angebot an Aas und Speiseresten
in Müll und Abfall ansiedeln.
Auch der Kolkrabe, der Sage nach Begleiter des germanischen Kriegs-
gottes Wotan, mit 64 Zentimetern Körpergröße der weltweit mäch-
tigste Rabenvogel und größte Singvogel, konnte nach jahrhunder-
telanger Verfolgung wieder bei uns heimisch werden. Erst kürzlich

konnte eine Tierfotografin aus Brandenburg die Kolkraben rehabilitieren. Nicht die Wotansvögel, sondern schlechte Haltungsbedingungen waren am Tod von Kälbern schuld. Die Kolkraben taten nur das, was sie in ihrer langen Evolution entwickelten und in der gesamten nördlichen Hemisphäre erfolgreich durchführen: das Beseitigen von Kadavern.

Auch die Aaskrähe, bei uns mit den Unterarten Raben- und Nebelkrähe vertreten, ist kein „Lämmerkiller". Mit ihren unspezifischen Werkzeugen, dem grabstockähnlichen Schnabel und ihren Lauffüßen, fehlt Aaskrähen im Gegensatz zu den Greifvögeln die notwendige „Ausrüstung" zum Töten größerer Beute. In den „Schafländern" Neuseeland und Schottland kennt man durch aufwändige Untersuchungen schon seit Jahrzehnten die Wahrheit: Alle angeblich von Rabenvögeln gekillten Lämmer und Schafe starben an anderen Todesursachen, beispielsweise durch echte Beutegreifer, an Krankheiten oder wegen Lebensschwäche. Verletzungen an den Tierkörpern, die nachweislich durch Raben stammen, waren nie Todesursache, sondern erfolgten immer nachträglich.

Selbstverständlich stellen Rabenvögel für uns Menschen keine Gefahr da. Scheinbare „Angreifer" entpuppten sich meist als Tiere, die von Menschen großgezogen waren und deren spielerisches Anfliegen man als Angriff missverstand. Allerdings verteidigen Vögel in der Brutzeit, wenn sie sich belästigt oder provoziert fühlen, ihren engeren Nistbereich manchmal mit heftigem Anfliegen und gelegentlich sogar mit Hacken. Dafür bekannt sind aber vor allem Möwen, im Binnenland auch Bussarde und manchmal Eulen, vor allem der Waldkauz.

Dem Menschen echt gefährlich mit sogar tödlich endenden Attacken wurden in freier Wildbahn nur Afrikanische Strauße, Höckerschwäne und die drei auf Neuguinea und im nördlichen Australien lebenden Kasuararten. Letztere haben bis zu zwölf Zentimeter lange, dolchartige Krallen. Wenn sie sich in die Enge getrieben fühlen und beim Hochspringen ausschlagen, können Kasuare mit ihren starken Krallen tiefe Wunden verursachen und leicht lebenswichtige Organe treffen. Das Verteidigungsverhalten der Höckerschwäne mit viel Gedrohe und Gezische im Nestbereich oder bei Anwesenheit von Jungen ist meist nur Schau. Allerdings kann ein Kopftreffer eines kräftigen Schwanenflügels durchaus mit der Schlagwirkung eines gefährlichen Boxhiebs verglichen werden. Die Gefährlichkeit der Rabenvögel bleibt dagegen ganz auf den Film von Alfred Hitchcock, den Meister des Gruselns, beschränkt: „Die Vögel".

Fliegen Vögel auch in RÜCKENLAGE?

Herausragendstes Merkmal der Vögel ist – von Ausnahmen abgesehen – ihr Flugvermögen. Den Gesetzen der Aerodynamik gehorchend sind ihre Flügel so gestaltet, dass sie bei geringem Luftwiderstand den benötigten Auftrieb erzeugen können. Dies wird dadurch erreicht, dass die Luftströmung durch den Flügel nach hinten gelenkt wird. Trotz aller Verschiedenheit beim Flügelbau sind die Flügelprofile der Vogelflügel konvex gewölbt. Erst dadurch wird ein schlagfreies Fliegen im Gleitflug sowie der Kraftflug durch Flügelschlagen ermöglicht. Durch den propellerartigen Einsatz ihrer Flügel werden die winzigen Kolibris im Schwirrflug zu echten Leistungsriesen. Durch die konvexe Wölbung ist auch das Bremsen durch Vergrößerung des Anstellwinkels gut möglich, indem die Flügelvorderkante aufrecht gedreht wird.

Nur zum Flug in Rückenlage sind Vogelflügel aerodynamisch eigentlich nicht geeignet. Dennoch gibt es ihn, den Rückenflug – etwa wenn sich Greifvögel, Bussarde oder Seeadler, bei ihren Balzflügen in der Thermik nach oben schrauben, um rasante Sturzflüge zur Erde anzuschließen. Wenn einer von beiden den Partner spielerisch

anfliegt, wirft der sich kurz auf den
Rücken, um im abwärts gehenden
Rückenflug den „Gegner" spielerisch abzuwehren oder sich mit
den Krallen kurz aneinander fest-
zuhalten. Meister im „Untertau-
chen" in der Luft sind Habichte,
wenn sie von unten auf dem Rücken fliegend Vogelbeute schlagen.
Wohl die extremsten Rückenflieger
aber sind Kolkraben. Die „Wotansvögel" fliegen während ihrer Balzflüge
nach einer halben Rolle auf dem Rücken 15 bis 20 Meter abwärts, um
dann rufend nach einer weiteren
halben Rolle wieder gen Himmel
aufzusteigen, und das auch noch
mehrfach hintereinander. Bei ihrem schnell ab-
wärts führenden Rückenflug legen Kolkraben die Flügelspitzen gegen die äußeren Schwanzspitzen und sehen vom Boden aus betrachtet dabei wie ein Trapez aus. Die Durchströmung zwischen Flügeln
und Schwanzfedern scheint aerodynamisch diesen seltsamen Flug-
zustand auch noch zu stabilisieren. Somit lässt sich festhalten: Rückenflug bei Vögeln ja, aber wohl mehr aus purer Lebensfreude.

Wie SCHLAFEN Vögel? In der Regel

schlafen Vögel im Stehen, Sitzen oder auch im Schwimmen. Boden-
vögel wie Kraniche, Limikolen oder Flamingos stehen beim Schlafen oft auf einem Bein. Der Kopf wird meist ins Rückengefieder
oder unter einen Flügel gesteckt; das Kleingefieder ist aufgeplus-

tert. Singvögel wie Amseln oder Meisen übernachten sitzend in dichtem Gebüsch und Geäst. Die nachts brütenden Weibchen schlafen auf dem Gelege oder die Jungen zudeckend. Höhlenbrütende Singvögel suchen zum Übernachten auch Nistkästen auf. Meisen benutzen zum Schlafen aber nur solche Kästen, in denen sich keine Nestreste mehr befinden. Deshalb sollten Nistkästen nach der Brutzeit gesäubert werden, um den Vögeln dann als „Schlafzimmer" zu dienen. Abweichende Schlafstellungen nehmen zum Beispiel Pinguine ein, die beim Schlaf im Stehen den Kopf zurücknehmen, Reiher, die den Schnabel vorne seitlich zwischen Flügel und Brust stecken, und Eulen, die zwar sitzen, aber den Kopf aufrecht halten. Die verschiedenen Arten der Seglerfamilie übernachten, bis auf den Mauersegler, an senkrechten oder überhängenden Wänden angeklammert.

Geselliges Übernachten kommt bei vielen Vogelordnungen vor. Einige sammeln sich sogar an Massenschlafplätzen in Bäumen (Saatkrähen und Stare), im Gebüsch und Schilf sowie an geeigneten Hausfassaden mit Gesims oder Efeu (Stare), zu denen sie Schlafplatzflüge unternehmen. Solche Massenschlafplätze dienen sicherlich dem Schutz und liegen oft an belebten Plätzen mitten in der Großstadt. Fledermauspapageien schlafen fledermausähnlich mit dem Kopf nach unten an einem Fuß hängend.

Am ungewöhnlichsten ist wohl das Schlafen unserer Mauersegler in der Luft. Dazu steigen sie in große Höhen auf, um dort segelnd mit dazwischen geschalteten Flügelschlägen die Nacht zu verbringen. Ihre Entspannung erfahren die „Flugschläfer" offensichtlich dadurch, dass sich abwechselnd eine Gehirnhälfte „ausruht", während die andere die Wachfunktionen übernimmt. Vorteil: Während alle anderen Seglerarten in Afrika an Schlafplätze gebunden sind, können Mauersegler als „Luftschläfer mit Autopilot" während ihres Afrika-Aufenthalts immer den nahrungsreichen Regenzeiten folgen.

Wieso können Vögel auf einem Bein stehend SCHLAFEN?

Vögel nehmen, je nach Art, die unterschiedlichsten Schlafpositionen ein. Während sich die einen zum Schlafen auf einem Ast niederlassen (zum Beispiel viele Singvögel, Fasane), schlafen andere liegend an Land (wie etwa Rebhuhn, Großtrappe, Gänse) oder schwimmend auf dem Wasser (beispielsweise Möwen, Gänse, Enten). Für uns besonders ungewöhnlich, weil aus unserer Sicht eher anstrengend als entspannend, ist das Schlafen auf einem Bein. Die Bekassine, der Kampfläufer, der Wachtelkönig, die Strandläufer, Gänse, Kraniche, Störche, Reiher und Flamingos tun es. Vor allem langbeinige Vögel bevorzugen den einbeinigen Schlaf. Dabei schalten sie einen Sperrmechanismus ein, der das Einknicken des Standbeins verhindert und der nach dem Einklinken nur durch einen Ruck wieder gelöst werden kann. Zum Schlafen bringen viele Vögel ihren Kopf über den Schwerpunkt des Körpers: Die meisten legen dazu ihren Hals in enge Windungen, so dass der Kopf nach hinten weist und der Schnabel auf den Schulterblättern aufliegt. Aus Gleichgewichtsgründen wird der Kopf auf die Seite des Standbeines gedreht, wobei Vögel mit extrem langen Hälsen, wie Schwäne und Flamingos etwa, sich nicht an diese Regel halten, sondern ihren Kopf auf die Seite des eingezogenen Beines drehen. Während des Schlafes befindet sich der Vogelkörper in einem stabilen Gleichgewichtszustand. Das Nachlassen des Muskeltonus und die ausgeschaltete

Gleichgewichtskontrolle könnten sonst die Schläfer in verhängnisvolle Situationen bringen. Nur sehr große, wehrhafte Vögel, wie Strauße, können es sich leisten, mit völlig erschlafftem Körper am Boden liegend zu schlafen und so in eine Phase des absoluten Tiefschlafs zu gelangen. Der bleibt den Stehendschläfern fremd, ob auf beiden oder einem Bein.

Ist der SCHMUTZGEIER besonders schmutzig?

Die zweite Hälfte des Namens von Schmutzgeier und Co. stammt aus dem Althochdeutschen „giri" und bedeutet „gierig". Als substantiviertes Adjektiv wurde „giri" zu gir-a(n), giir und gir. Und noch heute vergleicht man besonders gierige Menschen mit Geiern. Wer einmal einen ganzen Trupp von Geiern – oft verschiedene Arten – am Aas beobachtet hat, spürt die Gier dieser Vögel nach ihrem Anteil an dem seltenen, oft lang ersegelten Fund. Wenn auch aus seuchenhygienischen Gründen sehr verdienstvoll, ist die Geier-Tätigkeit allemal ein schmutziges Handwerk. Warum soll dann der mit 170 Zentimeter Flügelspannweite bei weitem kleinste Vertreter unter den Geiern Europas einzig ein Schmutzgeier sein? *Neophron percnopterus* wirkt aus der Ferne mit seinen schwarz-weißen Flügeln weißstorchähnlich. Weil man ihn im 16. Jahrhundert, wenn auch sehr selten, noch in den südlichen Kantonen der Schweiz finden konnte, nannte man ihn wegen seiner weißstorchähnlichen Flügelfärbung auch „Bergstorck". Von nahem sieht sein cremefarbiges Gefieder eher schmutzig weiß aus. Was auch im griechischen Artnamen *percnopterus* = dunkelfleckig zum Ausdruck kommt. Neben dem Verzehren von Aas erbeuten Schmutzgeier auch Kleintiere. Außerdem gehören sie zu den wenigen Vogelarten mit Werkzeuggebrauch. Um dickschalige Eier aufzuschlagen, suchen sich Schmutzgeier einen passenden Stein, den sie mit ihrem Schnabel aufnehmen, um damit wie mit einem Hammer die Eischale zu zertrümmern.

Wer besitzt den längsten SCHNABEL?

Rekordhalter unter allen langschnäbeligen Vögeln ist der australische Brillenpelikan. Mit stolzen 34 bis 47 Zentimeter langen Schnäbeln hält diese Art den Rekord in der Vogelwelt. Im Verhältnis von Schnabel zur Körperlänge werden Brillenpelikane allerdings vom südamerikanischen Schwertschnabel-Kolibri geschlagen. Der von seiner Schnabelspitze bis zum Schwanzende 25 Zentimeter messende Vogel verfügt immerhin über ein 10,2 Zentimeter langes „Schnabelschwert". Das setzt er allerdings nicht zum Fechten, sondern zum Naschen von Nektar aus tiefen Blütenkelchen ein. Um nicht das Gleichgewicht zu verlieren, hält der Schwertschnabel-Kolibri beim Ruhen den Riesenschnabel senkrecht nach oben.

Sind VogelSCHNÄBEL starr und gefühllos?

Anders als Säugetiere mit ihren beweglichen Lippen lassen Vögel Mimik weitgehend vermissen. Das hängt sicher auch am Schnabel, der scheinbar starr mitten im Gesicht steht und dessen Oberfläche an totes, gefühlloses Horn erinnert. Das aber täuscht. Zunächst zur Beweglichkeit: Vögel können nicht nur, wie wir, den Unterkiefer gegen den Schädel bewegen, sondern auch den Oberkiefer. Zwei dünne Schubstangen, die im Zusammenhang mit dem Unterschnabelgelenk stehen, sorgen dafür, dass sich beim Öffnen des Schnabels auch der Oberschnabel bewegt. Dieser ist nicht über ein echtes Gelenk, sondern über eine Biegestelle mit dem Schädel verbunden – und das lange bevor diese Art der Verbindung zweier Formteile durch die Hersteller von Plastikdosen populär wurde. Wenn Sie sich ein Bild von der Beweglichkeit des Oberschnabels machen wollen, bleiben Sie beim nächsten Zoobesuch mal eine Weile bei den Papageien stehen. Ihr Schnabel ist ein Präzisionsinstrument, mit dem auch sehr kleine oder unhandliche Früchte erstaunlich schnell bearbeitet und „fressfertig" gemacht werden. Schleifende Bewegungen der Spitze des Unterschnabels gegen den Oberschnabel dienen der Wartung und halten die Schneiden scharf.

Ein spezielles Problem haben viele Schnepfenvögel. Stellen Sie sich zum Beispiel eine Bekassine vor. Von ihren 25 Zentimetern Körperlänge entfallen sieben Zentimeter auf den Schnabel. Und nun malen Sie sich aus, wie dieser dünne Schnabel bis zum Ansatz in den feuchten, schweren Schlamm gerammt wird, dann geöffnet wird, einen Wurm ergreift und wieder geschlossen wird. Dass das nicht funktionieren kann, leuchtet ein. Die Lösung der Schnepfen: Das durch die Schubstangen bewegte Biegegelenk liegt hier knapp hinter der Schnabelspitze, die dadurch separat beweglich wird.

Und wie steht's mit den Gefühlen? Zahlreiche sensible Nervenendigungen sorgen dafür, dass besonders Schnabelspitze und Schnabelrand zu den tastempfindlichsten Organen des Vogels gehören. Die Bekassine, die eifrig im feuchten Erdreich nach Nahrung sucht, stochert also nicht auf gut Glück „mit der Stange im Nebel", sondern erhält über ihre sensible Schnabelspitze genaue Informationen über das Ergebnis ihrer Sondierungen.

Kann man SCHWALBEN-
nester essen?
Wer in das Nest einer Schwalbe beißt, hat den Mund voller Erde. Es ist nämlich überwiegend aus Lehm gebaut. Die berühmten essbaren „Schwalben"-Nester werden nicht von Schwalben, sondern von einigen südostasiatischen Seglerarten, den Salanganen, produziert. Ähnliche Anpassungen an ein Leben, das in rasantem Flug vergeht, führen immer wieder zur Verwechslung der beiden nicht näher verwandten Vogelgruppen. Zu Beginn der Brutzeit schwellen den Salanganen die Speicheldrüsen. Aus dem zähen Schleim, der an der Luft schnell erhärtet, werden kleine, flache Näpfe geformt. Salanganen brüten meist in dichten Kolonien an Felsen, oft in Höhlen. Hier werden die Nester seit alters regelrecht geerntet, wobei frische weiße Näpfe einen höheren Preis erzielen als schon länger bewohnte oder solche, in die der Vogel auch Federn oder Pflanzenteile mit eingebaut hat.

Können SCHWÄNE singen?
Es gibt ihn tatsächlich, den Singschwan. Er brütet in der nordischen Tundra und in den Wäldern der Taiga. Bei uns ist er nur im Winter zu sehen. Die laut trompetenden Rufe fliegender Singschwäne verschmelzen zu einer wohltönenden Melodie, wenn ein ganzer Trupp vorüberzieht. Von unserem heimischen Höckerschwan unterscheidet man den nordischen Sänger am besten am Schnabel, der bei letzterem gelb mit schwarzer Spitze ist. Der Höckerschwan hat einen roten Schnabel mit schwarzem Stirnknubbel.

Von ihm hört man meist nur ein paar leise schnarchende und zischende Laute, wenn man seinem Nest am Teich im Park zu nahe kommt. Musik macht der Höckerschwan auf andere Weise. Sein laut pfeifend-sausender Fluglärm ist auf große Entfernung zu hören, während der Singschwan ein Flüsterflieger ist. Bleibt noch zu klären, was es mit dem sprichwörtlichen Schwanengesang auf sich hat. Ihn stimme der Schwan jubelnd an, wenn es ans Sterben gehe, meinte Plato vor 2.300 Jahren. Schließlich öffne der Tod die Tür zu einem neuen, besseren Leben bei den Göttern. Noch in der Antike wurde die Legende auf den Menschen übertragen. Sein Schwanengesang: eine letzte bedeutende Rede vor dem jähen Tod, kluge Worte für die Nachwelt.

Bekommen SPECHTE beim Klopfen Kopfschmerzen?

Echte Spechte sind in Körperbau und Verhalten darauf eingestellt, sich an senkrechten Flächen wie Baumstämmen längere Zeit anzuklammern und sie auf der Nahrungssuche zu beklettern. Um an die Beute zu gelangen, müssen die Spechte in der Lage sein, unter Umständen sehr kräftig mit dem Schnabel zu hacken oder auch mit ihrer Zunge sehr tief in Insektengänge einzudringen. Deshalb verfügen sie über lange Stocheroder Hackschnäbel und enorm lange Zungenapparate. Außerdem können die meisten Arten ihre Höhlen selbst zimmern. Einige verfügen sogar über die Fähigkeit Werkzeuge herzustellen, indem sie sich Schmieden zum Aufhacken von Nüssen und Zapfen anlegen.

Zu den Besonderheiten der Spechte gehört auch ihr vielseitiges Signalsystem. Sie haben nicht nur eine Rufsprache, sondern eine komplizierte Klopf- und Trommelsprache, mit der sie sich über Revierbesitz, Höhlenbau, Paarbildung, Brutablösung und Versorgung der Jungen verständigen können.

Zusammen mit dem Hackeinsatz bei Nahrungserwerb und Höhlenbau wird ein Spechtkopf tagtäglich ordentlich belastet. Dass dies ohne Kopfschmerzen oder bleibende Schäden vonstatten geht, hängt mit folgenden Struktureigenschaften zusammen: Der Spechtschädel zeigt mehrere, als Stoßdämpfer anzusehende Einrichtungen. So ist der Schnabelschädel mit dem Hirnschädel federnd verbunden. Die Stoßwirkung des Hackschlags wird vor allem durch das stark entwickelte und fest eingefügte Quadratum, ein Knochenteil an der Unterseite des Kopfschädels, aufgefangen und in eine Torsionswirkung umgewandelt. Das Quadratum ist zwar drehbar, aber doch an einen festen Widerhalt gelagert. Außerdem besitzt es starke Muskelfortsätze. Dagegen scheint Gehirnflüssigkeit bei der Abfederung der Stöße keine Rolle zu spielen, da kein besonderes Liquorkissensystem vorhanden ist. Somit kann ein Specht-Junggeselle seine täglichen 500 bis 600 Trommelwirbel ohne Probleme kopfschmerzfrei auf Holz klopfen.

Was ist dran am STARKEN Geschlecht?

Starke Frauen – schwache Männer: Dieses Bild vermitteln uns zunehmend Werbung und Berichterstattung. Gott sei Dank ist Frau heute selbstbewusster und selbstständiger als jemals zuvor – zumindest in unserem Kulturkreis. Dennoch sind beim Menschen und vielen anderen Arten die Männer im Schnitt größer und kräftiger als die weiblichen Mitglieder. Ob Größe allerdings immer mit Überlegenheit gegenüber dem Kleineren gleichzusetzen ist oder ob mit der Größe auch die Probleme wachsen, wäre zu hinterfragen.

Bei der Suche nach der Kombination starke Frauen/schwache Männer im Tierreich erscheint eine derartige Kräfteverteilung auf den ersten Blick eher ungewöhnlich. Tiermännchen sind nun einmal in der Regel größer und stärker. Schließlich investieren sie bei den meisten Arten weniger als die Weibchen in ihren Nachwuchs. Weil sie nur winzige Samenzellen produzieren, ist die männliche Reproduktionsrate beim Vorhandensein von genügend Weibchen kaum begrenzt. Durch Tragzeiten, aufwändige Eierproduktion und vielfach hohen Betreuungsaufwand für die Jungtiere sind Weibchen dagegen viel stärker eingeschränkt. Sie werden somit zur Schlüsselressource für den Nachwuchs, um die Männchen konkurrieren müssen. Letztere haben Vorteile, wenn sie in Körpergröße und Kraft oder auch in äußere Pracht (etwa in Balzgefieder) investieren, um in echten oder Schaukämpfen konkurrenzfähig zu sein. Sind die „starken" Männer auch noch Revierinhaber und verfügen damit über Nahrungsressourcen, wird den Weibchen die Investition in den Nachwuchs erheblich erleichtert. Denn sie müssen weniger in Auseinandersetzungen mit Geschlechtsgenossinnen um das knappe Gut Nahrung investieren.

Doch schauen wir uns mal bei „Sperbers" um. Diese eng mit dem größeren Habicht verwandten Greifvögel leben ausschließlich vom Beute schlagen. Vor allem sind die Überraschungsjäger hinter Kleinvögeln bis Sperlingsgröße, ganz selten hinter Kleinsäugern, her. Mit ihren kurzen, abgerundeten Flügeln und dem langen Steuerschwanz können Sperber auf Kurzstrecken enorm beschleunigen und zugleich äußerst wendig ihrer flüchtenden Beute hinterherjagen, die sie aus der Deckung heraus überraschend angreifen. Während der Brutzeit scheint bei dieser Greifvogelart eine geradezu klassische, uns wohlbekannte Rollenverteilung vorzuliegen: Der Vater sorgt für die Ernährung von Frau und Kindern, indem er fast ausschließlich auf Beuteflug geht, während die Mutter praktisch allein „das Haus hütet", hier gleichzusetzen mit Erbrüten, Füttern und Hudern der Sperberjungen. Auffällige Besonderheit ist allerdings der Größen- und vor allem Gewichtsunterschied des Sperberpaares, wobei das

Weibchen die deutlich größere und vor allem schwerere ist. Wenn die Weibchen zu Beginn der Brutzeit Reservefett anlagern müssen, werden sie mehr als doppelt so schwer wie ihre Partner. Ob größer und schwerer, stärker oder schwächer: Immer haben die Unterschiede etwas mit der Aufgabenverteilung zwischen den Geschlechtern zu tun. Bei den Sperbern bedeutet das, dass die leichteren Männchen die effizienteren Jäger sind; weil sie aber im Vergleich zu ihrer Körpermasse mehr Energie zur Aufrechterhaltung ihrer Lebensvorgänge als die Weibchen benötigen, sind sie in nahrungsarmen Zeiten anfälliger und können eher verhungern. Zudem laufen sie mit größerer Wahrscheinlichkeit Gefahr, von Beutefeinden einschließlich der Weibchen der eigenen Art verspeist zu werden. Doch obwohl das Geschlechtsverhältnis nach dem Flüggewerden durch die höhere Sterblichkeit von Sperbermännchen zugunsten der Weibchen verschoben wird, kommt es praktisch nie vor, dass sich ein Männchen mit zwei Weibchen verpaart. Die Erklärung für das monogame Verhalten ist so logisch wie einfach: Das kleine Männchen wäre schlichtweg überfordert, mehr als ein Weibchen zu Beginn der Brutzeit mit Nahrung zu versorgen. Warum dann aber starke Weibchen und schwache Männchen? Offensichtlich gibt es Partnersysteme, bei denen diese Form der „Asymmetrie" einfach gut funktioniert.

Tragen die STOCKENTENerpel immer ein prächtiges Gefieder?

Die farbenfrohen Männchen der Stockenten unterscheiden sich von ihren tarnfarbig braunen Weibchen so stark, dass der Urvater der Namensgebung und Ordnung der Tiere, der schwedische Biologe und Mediziner Carl von Linné (1707 bis 1778), ihnen sogar zwei verschiedene wissenschaftliche Namen gab.

Wer ein Auge auf die Enten im Park hat – meist Stockenten, darunter immer auch einige gescheckte, die aus Verbindungen von Wildenten mit Hausenten entsprangen – kann beobachten, wie sich das Verhältnis von bunten zu braunen Vögeln im Jahresverlauf ändert. Beginnen wir im Winter.

Jetzt bemühen sich die bunten Erpel emsig um die Weibchen, die Balz ist in vollem Gange. Immer mehr Pärchen sondern sich ab. Im Frühjahr verschwinden die Weibchen dann von der Bildfläche. Gut getarnt sitzen sie auf ihren Nestern. Sich jetzt öfter als nötig blicken zu lassen, kann gefährlich werden. Zu kurz gekommene Erpel jagen manchmal gleich hordenweise hinter einzelnen Weibchen her. Bei den dann oft folgenden Massenvergewaltigungen kann es sogar vorkommen, dass das Opfer ihrer Begierde ertrinkt. Im Sommer, die Brut wird allmählich flügge, scheinen dann die Erpel verschwunden. Sie sind es aber nicht, sie haben sich lediglich umgezogen und ihr Prachtkleid mit einem Schlichtkleid vertauscht, das dem der Weibchen ähnelt. Meist (aber nicht immer) lassen sie sich bei genauerem

Hinschauen aber noch an der rotbraunen Brust und ihrem olivgrünen Schnabel identifizieren. So getarnt, lässt sich die schwierigste Phase im Entenleben wohl besser bewältigen: Der gleichzeitige Abwurf aller Schwungfedern und ihre anschließende Erneuerung, die eine Ente für etwa einen Monat ihrer Flugfähigkeit beraubt. Ist die Schwingenmauser abgeschlossen, wechselt der Erpel im Herbst wieder ins Prachtkleid, um erneut sein Glück bei den Weibchen zu versuchen.

Steckt der Vogel STRAUSS den Kopf in den Sand?

Strauße sind schnell, ausdauernd und mit ihren muskulösen, mit zwei harten Klauen bewaffneten Füßen auch recht wehrhaft. Keine leichte Beute also. Hat der Strauß Eier, steckt er allerdings in einem Dilemma. Flieht er vor Gefahr, rettet er zwar sein Leben, die nicht geringe Investition in seine Nachkommenschaft aber kann er in den Mond schreiben. Strauße setzen deshalb auf Tarnung und praktizieren Arbeitsteilung. Der auffällig schwarz-weiße Hahn brütet in der Nacht, die braune Henne am Tag. Nähert sich Gefahr, gibt es zwei Möglichkeiten. Entweder schleicht sich die Straußenmutter vom Nest, um in einiger Entfernung die „lahme Ente" zu markieren und das interessierte Raubtier dadurch wegzulocken. Oder sie breitet sich ganz flach über ihre Gelege und zieht auch den verräterisch langen Hals ein. Den Kopf flach auf den Boden gelegt, verfolgt sie aufmerksam,

ob die Gefahr vorübergeht. Das und nicht das dümmliche Ignorieren von Gefahren durch Kopf-in-den-Sand-Stecken nach dem Motto: „Was ich nicht sehe, sieht auch mich nicht" ist die wahre Vogel-Strauß-Politik.

Wie kam der STEINWÄLZER zu seinem Namen?

In letzter Zeit ziemlich populär wurden Wettbewerbe, bei denen extrem kräftig gebaute, starke Männer, Dinge bewegen, die sich bei „Normalos" keinen Millimeter aus ihrer Ruhelage bringen lassen würden. Darunter befinden sich auch fette Steine. Dennoch ist „Steinwälzer" keine andere Bezeichnung für diese „strong men". Der Steinwälzer *(Arenaria interpres)* ist vielmehr ein nur knapp amselgroßer, auffällig kontrastreich gefärbter Schnepfenvogel, den wir bei uns an der Nordseeküste als Durchzügler, Übersommerer und Wintergast erleben können. Seinen Namen verdankt der Steinwälzer einer besonderen Technik des Nahrungserwerbs. Um an versteckte Beute, insbesondere Garnelen und andere Krebstiere, zu gelangen, rennt er auf seinen für Schnepfenvögel ausgesprochen kurzen Beinen geschäftig durchs Watt oder an Felsenküsten entlang und wälzt Steine, Treibgut oder Tang mit Hilfe seines kräftigen Schnabels geschickt um. Vor allem im Winter ernähren sich Steinwälzer aber auch von den Küchenabfällen der Strandrestaurants und verschmähen selbst Aas nicht. Ihr wissenschaftlicher Name *Arenaria interpres* macht auf den zweiten Blick ebenfalls Sinn. *Arenaria* ist die weibliche Wortform von *arenarius,* was soviel bedeutet wie jemand, der etwas mit Sand zu tun hat. Aber wie stets mit *interpres* = Übersetzer/Interpret. Wer etwas interpretiert, schaut nach dem Sinn, er schaut dahinter. Und das würde im übertragenen Sinn auch für den hinter/unter Steinen nachschauenden Steinwälzer zutreffen.

Wozu besitzt der STELZEN-läufer so lange Beine?

Verlängerte Gehwerkzeuge faszinieren. Deshalb ist – oder war – der Stelzenlauf bei Kindern ebenso beliebt wie es die Stelzenläufer und -tänzer bei Umzügen oder im Zirkus sind. Eine Watvogelart, die mit den proportional längsten Beinen aller Watvögel ausgestattet ist, trägt dieses Merkmal als Familiennamen: Der Stelzenläufer *(Himantopus himantopus)* gehört zusammen mit dem Säbelschnäbler zur Familie der Stelzenläufer. Wenn er fliegt, ragen die extrem langen, auffällig roten Beine des etwa taubengroßen Vogels noch 14 bis 17 Zentimeter über den Schwanz hinaus. Sein wissenschaftlicher Name *Himantopus* setzt sich aus den griechischen Worten *himas* = Riemen und *hopus* = Fuß zusammen. Wobei man wissen muss, dass „Riemen" der Inbegriff für „lang und schmal" war. So erklärt sich auch die weitere deutsche Bezeichnung „Riemenbein" für den schwarz-weißen Vogel. Stelzenläufer sind in Europa lückenhaft verbreitet und leben in küstennahen Niederungen sowie an Steppenseen. Auf ihren langen Stelzen waten sie im flachen Wasser, um mit dem nadelfeinen Schnabel Insekten, kleine Krebse, Kaulquappen und Fischchen herauszupicken. Wo ähnlich große Watvögel diese Tätigkeit aber längst einstellen müssen, reicht dem Stelzenläufer das Wasser gerade mal bis zum Bauch!

Sind **TAUBEN** besonders zärtlich?

„Sie turteln wie die Tauben" – das eifrige Bemühen des rucksend und gurrend um seine Angebetete trippelnden Taubers wird manchem im Lauf der Jahre etwas schwunglos gewordenen Liebhaber als leuchtendes Vorbild präsentiert. Als Friedenstaube avancierte der harmlose Vogel, von der Natur weder mit Krallen noch mit einem kräftigen Schnabel ausgestattet, gar zum öffentlichen Symbol. Zu viel des Guten. Wer nur lieb und nett ist, kann sich auf Dauer nicht durchsetzen. Etwas salopp könnte man sagen: Tauben sind auch nur Menschen. In der Auseinandersetzung um Nistplätze, Reviere und Geschlechtspartner wird heftig gedroht und notfalls mit Flügelschlägen, Bruststößen und Schnabelhieben gekämpft, manchmal sogar bis Blut fließt. Im Freiland führt das meist sehr schnell zur Flucht des Unterlegenen. Im Käfig, wo das nicht möglich ist, beobachtete schon der Verhaltensforscher und Nobelpreisträger Konrad Lorenz entsetzt, wie ein Täubchen das andere in stundenlanger Kleinarbeit regelrecht zerfleischte.

Können Singvögel **TAUCHEN**?

Weil Wasser reichlich Nahrungsmöglichkeiten bietet, haben sich viele Vogelgruppen und -arten aufs Tauchen spezialisiert, so zum Beispiel Lappentaucher, Tauchenten, Säger, Kormorane, Pinguine, Pelikane und Eisvögel. Auch wenn Singvögel alles andere als wasserscheu sind und zur Gefiederpflege gerne mal ein Bad nehmen, ging von dieser besonders artenreichen Gruppe nur eine Gattung mit mehreren Arten unter die Taucher und Schwimmer: die Wasseramsel. Schnell fließende Bäche und Flüsse mit kaltem, klarem Wasser, vorzugsweise mit steinigem Grund und bewaldeten Ufern, sind ihr Lebensraum. Mit dem Sekret ihrer Bürzeldrüsen macht *Cinclus cinclus* ihr Gefieder wasserdicht. Ihre schweren, markgefüllten Knochen wirken beim Tauchen wie Bleigewichte. Bei ihren Tauchgängen, die bis zu 30 Sekunden dauern und bis in eine Tiefe von 1,5 Meter reichen, arbeiten die rudernden, kurzen Flügel gegen den Auftrieb. Wasserinsekten und deren Larven, kleine Krebstiere und Fischchen werden von dem etwa starengroßen Singvogel tauchend erbeutet. Selbst unter Steinen sind sie nicht sicher vor ihm. Wasseramseln sammeln ihre Nahrungstiere aber auch schwimmend von der Wasseroberfläche ab oder können Insekten nach Fliegenschnäppermanier im Flug erbeuten.

Obwohl viel größer, erinnert die Wasseramsel mit ihrer rundlichen Statur und dem kurzen, oft hochgestellten Schwanz an einen Zaunkönig. Auch ihr backofenförmiger Nestbau, den sie meist dicht am Wasser, zwischen Baumwurzeln, in Felslöchern oder auf Brückenträgern anlegt, ist einer Zaunkönig-Wohnung nicht unähnlich. Erwachsene Wasseramseln sind oberseits graubraun gefärbt, mit hellerem Kopf und leuchtend weißer Kehle und Brust.

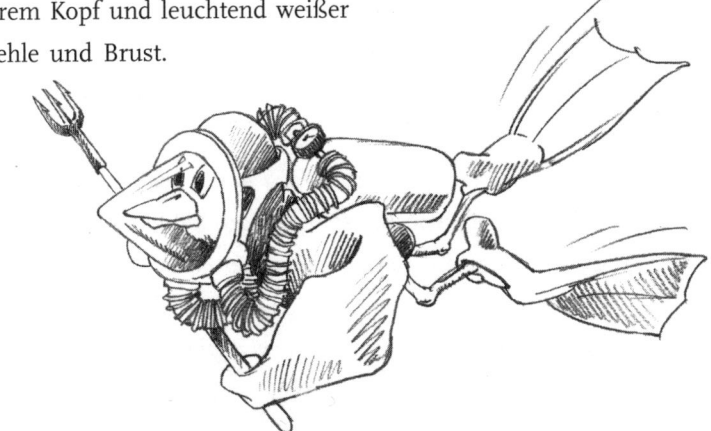

Sie knicksen oft beim Sitzen und fliegen geradlinig mit schwirrendem Flügelschlag über ihr Tauchrevier. Wo Flüsse und Bäche einigermaßen sauber sind und sie geeignete Uferstrukturen oder Brücken für ihren Nestbau findet, kann man bei uns die Wasseramsel als Singvogel auf Tauchgang beobachten.

Wie viel Kompost brauchen THERMOMETERhühner?

Ein ganz eigenartiges Nistverhalten zeigen zwölf der in Australasien und auf einigen pazifischen Inseln lebenden Vertreter der Megapoden- oder Großhühnerfamilie. Sie legen ihre Eier nicht in normale Nester ab, sondern in Höhlen und Hügeln. Ihre gesamte Brutfürsorge beschränkt sich anschließend darauf, dass die Eltern durch Umschichten des Bruthügels die Temperaturen im Innern bei konstant 32 bis 35 Grad Celsius halten. Diese Wärme entsteht durch Sonneneinstrahlung, vulkanische Asche oder durch Gärungsprozesse faulenden Pflanzenmaterials in Form eines riesigen Komposthügels. Einige Arten legen Nester aus Laub und Erde an, die eine Höhe von fünf Meter und einen Durchmesser von elf Meter erreichen können. Für Bruthügel dieser Größenordung müssen die Vögel in einem Jahr bis zu 250 Kubikmeter Pflanzen und Erde mit einem Gewicht von über 300 Tonnen zusammenbringen.

Thermometerhühner leben streng territorial und das Männchen erhält und betreut die „Kompostburg" das ganze Jahr über. So viel die Großfüße in ihren Bruthügel investieren, so wenig kümmern sie sich um die Küken, die gleich nach dem Schlupf sehr selbstständig sind. Ihre großen, schmackhaften Eier und auffälligen Brutplätze wurden schon vielen Arten zum Verhängnis. So brachten menschliche Eiersammler einige dieser interessanten Vögel schon an den Rand des Aussterbens.

Benemen sich TÖLPEL

tölpelhaft? Bei uns, genauer gesagt auf Helgoland, brütet seit einigen Jahren eine Vogelart, die auf langen, schmalen Flügeln mit bis zu 190 Zentimeter Spannweite über das Wasser fliegt, um plötzlich innezuhalten und sich torpedogleich aus bis zu 40 Metern Höhe ins Wasser zu stürzen. Der Erfolg dieses Meisters im Stoßtauchen ist meist ein Fisch, den er gleich selbst verzehrt oder seinem einzigen Jungen auf dem schmalen Felsband am Kliff bringt. Basstölpel *Morus bassanus* heißt die Art, die mit ihren Schwimmhäuten zwischen allen vier Zehen zur Ordnung der Ruderfüßer zählt. „Bass" umschreibt nicht etwa eine Lautäußerung des Vogels, sondern nimmt auf die Felseninsel Bass Rock vor der Schottischen Ostküste Bezug, einen der Hauptbrutplätze dieser Art. „Tölpel" wird die ganze Vogelfamilie der Sulidae bezeichnet. Der Name stammt von Seeleuten, auf deren Schiffen nicht selten tropische Tölpel zum Ausruhen landeten. Weil die Tiere keinerlei Fluchtverhalten zeigten, wurde ihnen die fehlende Scheu vor den Menschen als Dummheit ausgelegt. Man muss doch wohl ein „Tölpel" sein, wenn man wilden Seemännern so vertrauensvoll nahe kommt.

Wie kam der TRIEL

zu seinem Namen? Er ist schon etwas ganz Besonderes in unserer europäischen Vogelfauna. Der etwa taubengroße, sandfarbene Triel ist tagsüber wenig aktiv. Bei Gefahr drückt er sich auf den Boden, bewegt sich langsam in geduckter Haltung oder läuft unter Ausnutzung der meist spärlichen Deckung rasch weg. Erst beim Auffliegen nach kurzem Anlauf werden die schwarz-weißen Flügelmarken im Trielgefieder sichtbar. Als Einziger von neun Arten aus der Trielfamilie hat sich unser Triel aus den Tropen und Subtropen so weit nach Norden vorgewagt und ist folgerichtig einziger Zugvogel seiner Sippe. Richtig aktiv werden Triele erst in der Dämmerung, wenn sie auf Pirsch nach bodenbewohnenden Wirbellosen und kleinen Wirbeltieren bis Maus- und Reptiliengröße gehen. *Burhinus oedicnemus* heißt der Triel mit wissenschaftlichem Namen, wobei es für den Gattungsnamen zwei Erklärungen gibt. Vielleicht wollte man mit „Rindernase" (*bus* = Rind und *rhinos* = Nase) sein ochsenähnliches Aussehen ansprechen, das durch den dicken, kurzen Schnabel und die großen, gelben Nachtaugen zustande kommt. Vielleicht ist damit auch die „Rinderhaut" (*rhinos/torhinon* = Fell/ Rinderhaut) an den fleischigen Beinen des Vogels gemeint. Sein Artname *oedicnemus* = Dickfuß (von *oideo* = schwellen und *kneme* = Wade) stimmt allemal. Seine kräftigen Beine mit den deutlich verdickten Laufgelenken sind ein gutes Erkennungsmerkmal des europäischen Triels.

Sind TROTTELlummen mit den Pinguinen verwandt?

Rund neun Monate des Jahres verbringen sie auf hoher See im Nordatlantik. Nur zum Brüten kommen sie ab Ende März an Felsküsten mit Steilklippen, zum Beispiel den berühmten Helgoländer Vogelfelsen, und bleiben dort bis etwa Juni: Hier bilden die eigenartigen Trottellummen (*Uria aalge*) auf den Erosionsgalerien im Naturschutzgebiet Lummenfelsen eine Brutkolonie mit rund 2.500 Brutpaaren. Lummen bauen keine Nester und legen ihr Ei direkt auf den nackten Fels. Die Kreiselform verhindert, dass die Eier im Gedränge beim Landen von den schmalen Galerien kullern oder bei auflandigem Wind in bedrohliche Randlage geraten.

Lummen sehen aus wie kleine Pinguine. An Land bewegen sie sich auch ebenso tapsig fort. Im Unterschied zu den Pinguinen können sie jedoch fliegen, wenn auch nicht besonders gut. Nur beim Tau-

chen sind sie enorm
schnell und wendig.
Die unbeholfenen
und leicht ver-
trottelt wirken-
den Gehbewe-
gungen haben
ihnen wohl den
Namen eingetragen.
Das allerdings hatte bezeich-
nende Auswirkungen auf die
Pinguine, obwohl die Trottellummen zu den Alken gehören und mit
den Pinguinen überhaupt nicht verwandt
sind. Englische Seeleute nannten den ebenso unbeholfen wirkenden, heute ausgerotteten
Riesenalk, der einst an den Küsten nordatlanti-
scher Inseln brütete, ping-wing (= Stummelflügler).
Daraus wurde Pinguin, und Carl von Linné leitete davon
den wissenschaftlichen Artnamen *Pinguinus impennis* ab. Der einst
arktisweit verbreitete Riesenalk wäre somit der erstbenannte Pinguin. Als James Cook und Johann Georg Forster 1772 weit in die
hohen Breiten der Südhalbkugel vorstießen und den antarktischen
Kontinent entdeckten, beobachteten sie dort Vögel mit konturscharf
schwarz-weiß abgesetzten Gefiederpartien, die wie die ihnen bekannten nordischen Alke aussahen. So nannten sie die Tiere folgerichtig
Pinguine. Erst Georges Louis Buffon erkannte, dass die antarktischen
Pinguine und die arktischen Alken völlig verschiedenartige Ver-
wandtschaftsgruppen darstellen. Die Pinguine bilden eine eigene
Ordnung mit nur einer Familie, die Alken eine relativ kleine Familie in der ziemlich artenreichen Ordnung der Regenpfeifervögel.

Sind **TUKANE** Pfefferfresser?

Tukane ernähren sich überwiegend von Früchten, die sie mit ihren mächtigen bunten Schnäbeln abpflücken. Weil der Riesentukan in Gefangenschaft gelegentlich aber auch mal Paprikafrüchte verspeist, wurde die ganze Familie früher als Pfefferfresser bezeichnet. Gemeint ist also nicht der echte Pfeffer, der zwar heute weltweit in den Tropen angebaut wird, aber wohl aus Südindien stammt, sondern die auch als Spanischer Pfeffer bezeichnete Gewürzpaprika. Sie ist in Südamerika heimisch, wo auch die Tukane vorkommen.

Bringt der **UNGLÜCKS**-häher Unglück?

Als Rabenvogel ist der nur etwa wacholderdrosselgroße, graubraune Häher mit seiner Rosttönung im Flügelbugbereich, an Bürzel und an den meisten Federn des langen, gestuften Schwanzes recht attraktiv. Dennoch haftet ihm seit alters her der Ruf eines Unglücksvogels an, was sich in seinem deutschen wie im wissenschaftlichen Artnamen (*infaustus* = unheilvoll) widerspiegelt. *Perisoreus infaustus*, unheilvoller Umhersammler, ist sein kompletter Name. Der Tribut, den Unglückshäher an ihre raue, oft unwirtliche nordische Waldheimat entrichten müssen, führte wahrscheinlich zu ihrem schlechten Ruf. Ständig auf der Suche nach Nahrung, vor allem Raupen und Käfer, die sie als Wintervorräte in Spalten von Baumrinden oder hinter Flechten im Geäst verstecken, ziehen die kleinen Umhersammler ziemlich ruhelos durch ihr Revier. Wenn sie plötzlich lautlos und unerwartet Wanderern in der Taiga erschienen und dann noch ohne Scheu deren Vorräte inspizierten, wurde dies gerne als unheilvolle Begegnung gewertet. Was bleibt den Unglückshähern aber anderes übrig? Selbst weiche Niststoffe, die sie beim Umherstreifen zufällig finden, sind ihnen für die spätere Isolierung ihres Nestes so wichtig, dass auch sie von den Umhersammlern in Verstecken deponiert werden.

War der URVOGEL
Archaeopteryx ein guter Flieger?

Der Streit um die Flugfähigkeit des Urvogels *Archaeopteryx lithographica* tobt, seit die sensationellen Funde im 19. Jahrhundert geborgen wurden, und – um es gleich vorweg zu sagen – er ist bis heute nicht endgültig entschieden. *Dass* er (oder sie, denn *Archaeopteryx* kann „alter Flügel" ebenso bedeuten wie „alte Feder") fliegen konnte, steht außer Zweifel. Schließlich entsprechen die Anordnung der Federn und ihre asymmetrische Form weitgehend der bei flugfähigen heutigen Vögeln. Die Fußgänger unter den Vögeln haben dagegen keine asymmetrischen Federn mehr. Nur *wie gut* er fliegen konnte und ob er auch in der Lage war, sich vom Boden aufzuschwingen, ist umstritten. Arme und Schultergürtel waren nämlich

noch sehr echsenähnlich. Insbesondere fehlt – so glaubte man wenigstens lange – ein gekieltes Brustbein, an dem bei heutigen Vögeln die leistungsfähige Flugmuskulatur befestigt ist. Jeder, der sein Hähnchen mit der gebotenen Aufmerksamkeit verspeist, bemerkt, dass das leckere „Brustfleisch" immer in zwei Portionen zerfällt. Direkt am Knochen liegt die kleinere Portion. Das ist der Muskel, der den Flügel nach oben zieht. Die größere, außen liegende Portion besorgt den Abschlag. Beide Muskeln sitzen am zu diesem Zweck enorm großen Brustbein, das zusätzlich sogar noch mit einem die Muskelansatzfläche weiter vergrößernden Kiel versehen ist. Kaum vorstellbar, dass einer ohne ein solches gut entwickeltes Brustbein ordentlich fliegen kann. Denn wo sollte die kräftige Flugmuskulatur ansetzen? Aber vielleicht war ein Brustbein bei *Archaeopteryx* doch schon da – nicht als Knochen, sondern als am Fossil nicht erhaltener Knorpel?

Vor diesem Hintergrund wird die Aufregung verständlich, die der siebte *Archaeopteryx*-Fund im Jahr 1992 auslöste: An diesem Fossil wurde nämlich tatsächlich ein Brustbein nachgewiesen, zwar klein, aber verknöchert! Das und die längeren Hinterbeine lassen manche Wissenschaftler vermuten, dass dieser Urvogel nicht zur selben Art wie die sechs früher gefundenen gehört. Als Bayerischer Urvogel *Archaeopteryx bavarica* wurde er dem schon lange bekannten *Archaeopteryx lithograpica* zur Seite gestellt.

Kündet der Ruf des WALD-KAUZES den nahen Tod an?

Als die Menschen noch mit den Hühnern zu Bett gingen, war die Welt nachts dunkel. Keine Straßenlaternen, keine Leuchtreklame, keine hellen Fenster. Kerzen brannten allenfalls noch am Bett schwer Kranker, die nächtlicher Pflege bedurften. Licht aber zieht Nachtfalter magisch an. Warum, wissen wir bis heute nicht genau. Aber wir können davon ausgehen, dass sich früher, als Lichter viel knapper und Falter viel häufiger waren, an einsamen Leuchtquellen ganze Wolken von Schmetterlingen einfanden. Und natürlich auch ein paar Schmetterlings-Liebhaber: Fledermäuse, Spitzmäuse, die die Abgestürzten einsammelten, Steinkäuze und Waldkäuze. Und wenn Letztere dann noch ihr durchdringend lautes „kju-witt",

also „komm mit", ertönen lassen und im Verlauf der nächsten Tage, gar nicht so unwahrscheinlich, der Todkranke stirbt – na, da kann man doch fast verstehen, dass unseren Altvorderen der Ruf des „Totenvogels" durch Mark und Bein ging!

Warum WANDERN Vögel?

Das Verschwinden und Wiederauftauchen von Vogelarten im Rhythmus der Jahreszeiten beflügelte seit alters her die menschliche Phantasie. Noch im 18. Jahrhundert glaubte man, dass Schwalben im Gewässerschlamm überwintern und der ähnlich dem Sperber gefiederte Kuckuck im Herbst zum Sperber mutiert. Die moderne Vogelzugforschung widerlegte zwar diese Ansichten. Ihre Ergebnisse sind jedoch kaum weniger wunderbar.

W Das Verhalten der meisten Lebewesen wird durch die Tages- und Jahresperiodik beeinflusst. Vor allem auf die gravierenden Wechsel der Lebensbedingungen im Verlauf der Jahreszeiten reagieren viele Tierarten mit saisonalen Wanderungen. Selbst in den Tropen mit ihren weniger ausgeprägten jahreszeitlich bedingten Wechseln wandern Vögel und einige Säugetiere vor allem den günstigeren Nahrungsbedingungen nach. Die weitaus ausgeprägteren Wanderbewegungen von Tierarten, vor allem den Vögeln, gibt es aber in den gemäßigten und polaren Regionen der Erde. Ohne großräumige, jahreszeitlich bestimmte Ortswechsel würden viele Arten nicht überleben. Bei den Vögeln unterscheidet man je nach Wanderstrecken verschiedene Zugtypen, von Lang- und Kurzstrecken- bis Teilziehern. Das heutige Vogelzuggeschehen in Europa entstand unter dem Einfluss der Eiszeiten, welche die Lebensbedingungen der Arten je nach Stand der Vereisung verschoben. Heute sind jährlich allein von Eurasien nach Afrika etwa 200 Vogelarten mit über fünf Milliarden Individuen unterwegs. Weltweit schätzt man die Gesamtzahl aller Zugvögel auf 50 Milliarden.

Langstreckenzieher, wie zum Beispiel die Küstenseeschwalbe oder der Fitis, räumen im Herbst ihr Brutgebiet vollständig, um den Winter in einer ganz anderen Klimazone zu verbringen. Arten wie unser Mauersegler kennen keinen Winter. Die meisten Insektenfresser zählen zu den Langstreckenziehern, die bereits kurz nach Abschluss des Brutgeschäftes ihre Sommerlebensräume verlassen. Für manche Limikolen (Watvögel) ist der Aufenthalt in ihren nordischen Brutgebieten rein auf die Brut- und Jungenaufzuchtzeit beschränkt. Doch während diese Aufenthaltsdauer mindestens zwei Monate beträgt, wandern die prächtigen Kampfläufermännchen sogar gleich nach dem Brutbeginn ab in den Süden.

Arten, bei denen Brut- und Überwinterungsgebiete nicht weit voneinander entfernt sind, werden als Kurzstreckenzieher bezeichnet.

Unser Hausrotschwanz ist ein solcher Vertreter, der den Winter im Mittelmeerraum oder höchstens in Nordafrika verbringt. Von den Kurzstrecken- zu den Teilziehern gibt es fließende Übergänge. Recht häufig kommt es vor, dass nur ein Teil der Individuen einer Population bzw. einer Art wegzieht, der andere Teil jedoch im Brutgebiet verbleibt. Diese Wanderer bezeichnet man dann als „Teilzieher". Zu ihnen zählen bei uns Buchfinken, Amseln, Rotkehlchen und Zaunkönige.

Selbst Standvögel, also nicht ziehende Arten, bleiben nicht das ganze Jahr über in ihren Sommer- und Brutgebieten. Einige Arten wie die Alpendohle und Alpenbraunelle führen im Winter kurze, so genannte Vertikalbewegungen durch, um tiefer gelegene, klimatisch günstigere Regionen aufzusuchen.

Laufen Vögel auf dem WASSER?

Fast jeder hat's schon mal gesehen: Wenn ein schwergewichtiger Schwan vom Wasser in die Lüfte steigen will, rennt er eine ganze Strecke flügelschlagend und mit den Füßen tretend übers Wasser, das dabei kräftig aufspritzt. Ist der Schwan dann endlich in der Luft, zieht er seine Beine ein und legt sie unter dem Schwanz zusammen wie

Wein Flugzeug, das nach dem Start sein Fahrwerk einzieht. Das Wasserlaufen auf den relativ kurzen Beinen funktioniert bei Schwänen nur bei gleichzeitig erheblichem Flügeleinsatz. Ohne diese „Kraftexplosion" beim Durchstarten würden die schweren Flieger sofort wieder bis zur Brust einsinken.

Dagegen scheinen leichtgewichtige Vogelarten schon eher zum Wasserlaufen befähigt. Auf ihren langen Beinen und mit ihren überdimensionalen, lang bekrallten Spreizzehen scheinen die rallenähnlichen Blatthühnchen zumindest von weitem betrachtet dieses Kunststück zu beherrschen. Doch ihre Beinapparate sind nicht für das Laufen auf dem Wasser, sondern zur Verteilung des Körpergewichtes auf Schwimmpflanzen und Seerosenblätter konstruiert. Auch die Wasserläufer, wie Bruch-, Teich-, Waldwasserläufer oder Dunkler Wasserläufer können trotz ihres Namens nicht auf dem Wasser laufen. Die langbeinigen Vertreter der artenreichen Schnepfenfamilie vermitteln uns höchstens diesen Eindruck, wenn sie im Seichtwasser auf Nahrungssuche gehen.

Mit dem Auf-dem-Wasser-Laufen haben es die Sturmschwalben (Familie *Hydrobatidae*) am weitesten gebracht. Diese kleinen, zu den Röhrennasen zählenden Hochseevögel ernähren sich von Krustentieren, Fischen, Tintenschnecken, Plankton und dem Kot von Seehunden und Walen. Die nördliche Gruppe der Sturmschwalben mit 13 Arten besitzt spitz zulaufende Flügel und kurze Beine. Sie schnellen aus der Luft herab, um ihre Nahrung von der Meeresoberfläche wegzufangen. Die sieben Arten der südlichen Sturmschwalben haben kürzere Flügel und längere Beine. Letztere halten die Vögel häufig nach unten gestreckt, wenn sie beim Absammeln von Nahrung über die Meeresoberfläche springen oder „gehen". Sie können tatsächlich auf dem Wasser laufen, allerdings nur unterstützt durch den Auftrieb, den sie durch den Wind unter ihren gleichzeitig ausgebreiteten Flügeln erhalten.

Bringt der WEISSSTORCH die Kinder?

In unserem aufgeklärten Zeitalter glaubt natürlich keiner mehr an solche Ammenmärchen. Obwohl: Sinken die Geburtenzahlen in Mitteleuropa nicht parallel zum Schwinden der Störche? Meister Adebar heißt er in Norddeutschland. „Bar" bedeutet „Träger" – schon mit diesem alten Namen wird auf den Storch als Kinderbringer angespielt, der die Neugeborenen im Schnabel trägt. Neben der Schwalbe gilt vor allem der Storch als klassischer

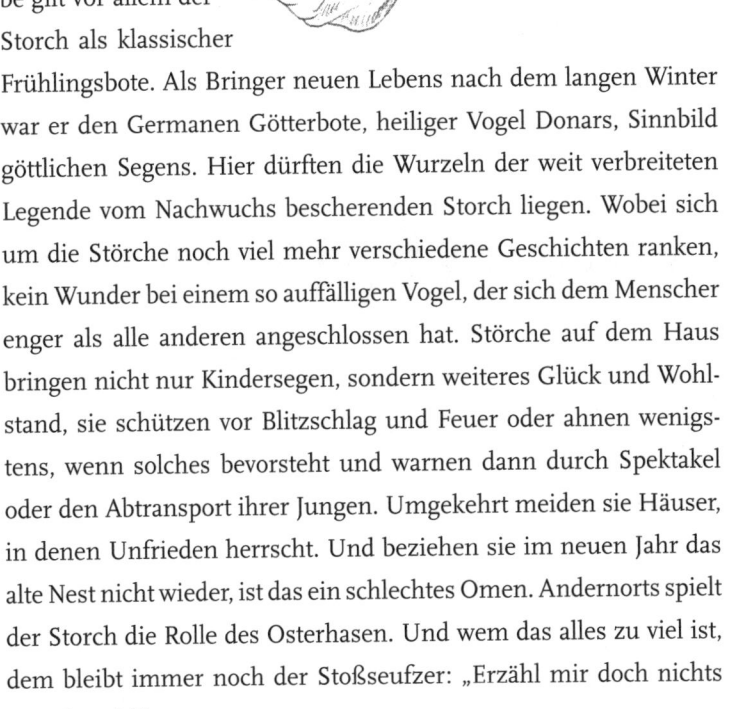

Frühlingsbote. Als Bringer neuen Lebens nach dem langen Winter war er den Germanen Götterbote, heiliger Vogel Donars, Sinnbild göttlichen Segens. Hier dürften die Wurzeln der weit verbreiteten Legende vom Nachwuchs bescherenden Storch liegen. Wobei sich um die Störche noch viel mehr verschiedene Geschichten ranken, kein Wunder bei einem so auffälligen Vogel, der sich dem Menschen enger als alle anderen angeschlossen hat. Störche auf dem Haus bringen nicht nur Kindersegen, sondern weiteres Glück und Wohlstand, sie schützen vor Blitzschlag und Feuer oder ahnen wenigstens, wenn solches bevorsteht und warnen dann durch Spektakel oder den Abtransport ihrer Jungen. Umgekehrt meiden sie Häuser, in denen Unfrieden herrscht. Und beziehen sie im neuen Jahr das alte Nest nicht wieder, ist das ein schlechtes Omen. Andernorts spielt der Storch die Rolle des Osterhasen. Und wem das alles zu viel ist, dem bleibt immer noch der Stoßseufzer: „Erzähl mir doch nichts vom Storch!"

Läuft der WELLENLÄUFER auf den Wellen?

Während Wasserläufer und Co. auf dem Wasser laufen können (siehe Seite 116), gelingt es nur menschlichen Wellenreitern mit Brettunterstützung auf hohen Brandungswellen zu „reiten". Obwohl sie „Wellenläufer" heißen, beherrschen die so bezeichneten Vögel dieses Kunststück nicht wirklich. Der Wellenläufer *(Oceanodroma leucorhoa)* ist ein etwa 20 Zentimeter großer, zur Familie der Sturmschwalben zählender Seevogel. An nordatlantischen Felsküsten brütend, taucht der Wellenläufer nach Weststürmen auch regelmäßig in der südlichen Nordsee auf. Eine zweite Art, der Madeira-Wellenläufer *O. castro,* brütet auf Inseln vor Madeira, dem portugiesischen Festland sowie auf den Kanaren und Azoren. Mit *Oceanodroma* = Ozeanläufer *(dromes* = der Lauf) ist die Gattung treffend umschrieben. Wenn die Wellenläufer mit herabhängenden Beinen dicht über dem Wasser fliegen, um von der Wasseroberfläche ihre Nahrung aufzunehmen, sieht ihr hüpfender Flug tatsächlich wie ein Wellenlaufen aus.

Wieso heißt sie WIESENWEIHE?

Das Volk unterschied früher nicht zwischen den Milanen und Weihen. Von den Milanen kommen bei uns der Schwarz- und der Rotmilan vor. Letzterer wird wegen seines tief eingekerbten Schwanzes auch als „Gabelweihe" bezeichnet. Wobei „Gabelweihe" eigentlich zweimal das Gleiche ausdrückt. Denn „Weihe" geht auf das indogermanische „wie-o" zurück, was soviel wie aus „zwei bestehend, Zweig" bedeutet. Auf Griechisch heißt Weihe *„ho kirkos".* Womit wir beim Gattungsnamen *Circus* der Weihen wären. Der Artname *pygargus* („Weißbürzel") unserer Wiesenweihe nimmt Bezug auf die auffällig weißen Oberschwanzdecken bei den sonst dunkelbraunen, weiblichen Wiesenweihen. Ein keineswegs exklusives Merkmal, das Wiesenweihen mit den anderen „Weißbürzel-Weihen" Korn- und Steppenweihe teilen. Der erste Namensteil aller drei Genannten, Korn, Wiese, Steppe, nimmt Bezug auf ihr Vorkommen in offenen Landschaften. In intensiv genutzten Agrarlandschaften hat die Kornweihe jedoch trotz ihres Namens keine Überlebenschancen. Sie brütet nämlich im Gegensatz zu der Wiesenweihe nicht im Getreide. Wiesenweihen kommen dagegen zwar eher in feuchten Niederungsgebieten, offenen Buschlandschaften sowie trockenem Wiesenland vor, können ihre Jungen im Bodennest aber auch in Wintergetreide wie Roggen und Weizen großziehen, solange die Brut durch die Ernte nicht gestört oder vernichtet wird. Während die Wiesenweihe als Zugvogel hauptsächlich in Afrika überwintert, handelt es sich bei Winterbeobachtungen von „Weißbürzel-Weihen" bei uns um Kornweihen. Die Kurzstreckenzieher kommen aus ihren nördlichen Brutgebieten wie Mooren, Marschwiesen, Heide-, Dünengebieten und Verlandungszonen zu uns ins binnenländische, mitteleuropäische Kulturland, um in ganzen Gruppen an traditionellen Schlafplätzen in Streuwiesen, Schilf oder Altgrasbeständen zu nächtigen und tagsüber über Äckern und Wiesen im weihentypischen, niedrigen Suchflug, gaukelnd und mit

W v-förmig angehobenen Flügeln nach Mäusen zu spähen. Somit ist eine Weihe auf oder über einer Wiese noch lange keine Wiesenweihe, und eine Weihe im sommerlichen Kornfeld kann zwar eine Wiesenweihe oder eine Rohrweihe sein, auf keinen Fall ist sie eine Kornweihe!

Halten auch Vögel WINTERSCHLAF?

Unsere Vorfahren konnten sich aufgrund ihrer Weltsicht nicht vorstellen, dass viele Vogelarten im Winter wegziehen. Sie nahmen an, dass Schwalben beispielsweise in Weihern und Seen abtauchten, um im Schlick in Winterschlaf zu verfallen. Heute weiß jeder, dass „abwesende" Vogelarten nicht winterschlafen, sondern ergiebigen Nahrungsquellen folgen.

Und dennoch gibt es sie, die Winterschläfer unter den Vögeln! Genauer gesagt ist es weltweit eine Art, von der man dieses Verhalten kennt. Die für einen Vogel außergewöhnliche Fähigkeit war den Hopi-Indianern durchaus bekannt. Sie nannten die in den nordamerikanischen Wüsten heimische Winternachtschwalbe *(Phalaenoptilus nuttallii)* treffend Holchko, „der Schlafende". Der Wissenschaft gelang erst im Dezember 1946 der Nachweis, dass Winternachtschwalben bis zu fünf Monate lang abgetaucht in Felsspalten oder versteckt unter Sträuchern die kälteste Jahreszeit verpennen. Wie bei den winterschlafenden Säugetieren fällt ihre Körpertemperatur von etwa 41 Grad Celsius auf gerade sechs Grad Celsius, Herzschlag und Atmung sinken auf kaum mehr messbare Frequenzen. Zum Aufwachen und Hochheizen auf „Betriebstemperatur" brauchen die gefiederten Dauerschläfer entsprechend lange, nämlich sieben Stunden. Kurzfristig können auch andere Nachtschwalben, Segler, Mausvögel und Schwalben ihre Körpertemperatur absenken und erstarren.

Klaut der ZIEGENmelker nachts die Milch?

Ein seltsamer Name für einen der eigenartigsten Vertreter aus unserer einheimischen Vogelwelt! Kaum jemand hat ihn schon gesehen. Der amselgroße, langschwänzige Insektenjäger mit dem kleinen Schnabel und riesigen Rachen ist nämlich nur ab Dämmerungsbeginn und in der Nacht auf langen Flügeln unterwegs. Tagsüber ist der Bodenbrüter durch seine Gefiederfärbung und sein Verhalten hervorragend getarnt: In Längsrichtung und mit geschlossenen Augen auf einem Holzstück oder Ast sitzend, verschmilzt er in seinem rindenfarbigen Gefieder geradezu mit dem Untergrund. Am ehesten verraten Ziegenmelker ihre Anwesenheit durch den minutenlangen, schnurrenden Balzgesang, ihre „ku-ik"-Rufe und einem lauten Flügelknallen der Männchen bei ihren Imponierflügen. Eigentlich ist es überraschend, dass das markante Schnurren nicht namensgebend war. Die alte Vorstellung, von der bereits griechische und römische Schriftsteller berichteten, dass Ziegenmelker nachts die Euter von Ziegen leeren, wurde zwar fleißig weitergegeben, aber wohl nie wirklich hinterfragt. Seit Carl von Linné (1758), dem Papst der zoologischen Systematik, trägt der Vogel den offiziellen wissenschaftlichen Namen *Caprimulgus* (von *capra* = Ziege und *mulgere* = melken). Von Italien über Frankreich, Deutschland, Dänemark und England wird er gleichermaßen benannt: Succiacapra, tette-chévre, Ziegenmelker, gjedemelker und goatsucker. Es lässt sich rätseln, ob der Auslöser für die Namensgebung die Beobachtung war, dass sich Insekten gerne in der Nähe von

Weidetieren aufhalten und ein Vogel der in Euternähe Insekten fängt, leicht zum Milchklau mutiert. Wer aber will dies ernsthaft im Dunkeln gesehen haben? Weil diesen „Nachtschatten", so sein Zweitname, keiner wirklich kannte, war der Ziegenmelker vielleicht auch die perfekte Ausrede für Ziegenhüter, die ein gutes Argument für leere Euter gegenüber ihren erbosten Herdenbesitzern parat haben mussten. Da kam ihnen der große Rachen des Vogels, den man sich passend am Euter vorstellen kann, vielleicht gerade recht. Wenn auch nicht auf Milchklau, so doch auf Insektenjagd und balzfliegend nächtens unterwegs, können wir den Langstreckenzieher von Ende April bis Anfang August bei uns in Heide- und Dünengebieten oder lichten Kiefernwäldern, dort bevorzugt auf Kahlschlägen, schnurren und rufen hören. Die ganz Glücklichen unter uns sehen vielleicht sogar weiße Flecken plötzlich im Dunkeln aufblitzen. Das sind Marken an den Flügelenden und äußeren Schwanzfedern der Ziegenmelkermännchen, die nur bei den fliegenden Nachtschatten sichtbar werden.

Was für ein Vogel ist der ZILPZALP?
Er ist bedeutend kleiner als ein Sperling. Oberseits olivgrün und unterseits schmutzig weiß. Vom nahe verwandten Fitis ist dieser bei uns weit verbreitete Vogel aus der Zweigsängerfamilie im Freien praktisch nur durch seinen Gesang zu unterscheiden. Während der Fitis (Phylloscopus trochilus) wehmütig, schmachtend, in hellen Tönen dahinfließend singt, und seine Rufe ein weiches „hü-it" sind, beginnt P. collybita oft mit einem harten „tret tret ...", um in einer Reihe zusammengesetzter Silben „zilp zalp zalp zilp zilp zalp ..." weiterzusingen, die ihm seinen Namen einbrachten. Aus Baumkronen unterholzreicher Wälder, Gärten und Parks kann man den Zilpzalp „zilpzalpen" hören.

Ziehen ZUGVÖGEL nach Süden, weil sie im Winter frieren?

Kälte macht den meisten Vögeln nicht viel aus. Sie haben ihre Daunenjacke ja stets bei sich. Wird es kühler, sollte die Jacke natürlich etwas wärmer sein. Kein Problem: Der Vogel plustert sich auf. Jede einzelne seiner Deckfedern ist mit kleinen Muskeln versehen, die sie aufstellen und anlegen können. Darunter liegen plüschige Daunenfedern. Was mit dem Aufplustern gewonnen ist? Nun, seine isolierende Wirkung verdankt das Federkleid ja in erster Linie nicht der Dicke und Zahl seiner Federn, sondern der Menge an Luft, die es einschließt, und die steigert sich beim Aufplustern erheblich. Weil der Wärmeabfluss nach außen dadurch erheblich gebremst wird, muss die innen sitzende Heizung durch den Stoffwechsel des Vogels bei Kälte also kaum mehr leisten. Sinken die Außentemperaturen extrem, zieht der Vogel auch noch den Kopf ein und stülpt die Federhülle über die unbefiederten Beine. So zum Federball geworden, kann er auch eiskalte Nächte gut überstehen. Warum dann Vogelzug, diese aufwändige und nicht ungefährliche Reise, die oft über Tausende von Kilometern durch unbekannte Gefilde führt, wo doch zahlreiche Untersuchungen ergeben haben, dass ein Vogel im heimischen Revier, wo er sich gut auskennt, am besten zurecht kommt? Ganz einfach: Nicht Kälte, sondern Nahrungsmangel zwingt die Zugvögel in die Ferne. Was sollen Insektenjäger wie Schwalben, Neuntöter oder Grasmücken im Winter hier fressen? Und wo stillen Störche ihren Hunger, wenn die Sümpfe eingefroren sind? Gerade das letzte Beispiel zeigt, dass Kälte tatsächlich keine entscheidende Rolle spielt. Um den Weißstorch in Mitteleuropa zu retten, werden in Aufzuchtstationen Vögel aufgezogen und gehalten, die nachher ausgesetzt werden. Diese gut versorgten Störche machen sich zum Teil, selbst wenn sie frei sind, nicht mehr auf die Schwingen gen Afrika. Werden sie über Winter gut gefüttert, trotzen sie der Kälte problemlos.

Fliegen alle ZUGVÖGEL nach Afrika?

Natürlich ziehen die amerikanischen Brutvögel ein Winterquartier in Mittel- und Südamerika vor. Aber selbst wenn wir den Blickwinkel auf unsere heimische Vogelwelt verengen, stimmt das nicht. Denn bei weitem nicht alle Zugvögel gehören zu den Fernwanderern wie der Storch, der im westlichen und südlichen Afrika überwintert und im letzteren Fall zweimal im Jahr über 10.000 Kilometer zurücklegen muss. Zahlreiche Arten sind Kurzstreckenzieher, die damit lediglich den Härten des Winters ausweichen. Das geht in Europa schon an den Gestaden des Mittelmeers (wie wir alle wissen – Mallorca lässt grüßen). Viele dieser Vogelarten ziehen aber weniger nach Süden als nach Westen. Denn im vom Meer geprägten Westeuropa mit seinen milden Wintern lässt es sich schon gut aushalten. Manche Mönchsgrasmücken, traditionell Überwinterer in Südeuropa, haben in den letzten Jahren sogar England als Winterquartier entdeckt und ziehen im Herbst nach Nordwesten statt in den Süden. Nicht immer nehmen Zugvögel den kürzesten Weg. Während viele Kleinvögel das Mittelmeer nonstop überfliegen, machen Störche und viele Greifvögel den Umweg über Gibraltar oder den Bosporus. Die spezialisierten Segelflieger bedienen sich lieber der Thermik über dem Festland, statt im kräfteraubenden Schlagflug übers Meer zu ziehen. Schwieriger zu erklären ist der weite Weg des Steinschmätzers. Der in ganz Europa und Nordasien verbreitete Kleinvogel brütet auch in Nordamerika, und zwar in Alaska und Ostkanada. Alle Steinschmätzer überwintern in Afrika, auch die „Amerikaner", obwohl in Südamerika geeignete Winterquartiere viel näher lägen. Dabei wandern die Brutvögel aus Alaska nach Südwesten durch ganz Sibirien, während die Kanadier, ebenso wie die Brutvögel Grönlands und Islands, nach Südosten fliegend den Atlantik überqueren. Wahrscheinlich vollziehen die Steinschmätzer so jedes Jahr die nacheiszeitliche Eroberung ihrer heutigen Brutgebiete nach.

Register

Umschlaggestaltung von eStudio Calamar unter Verwendung
einer Illustration von Susanne Straßer, München

Mit 53 Schwarzweiß-Cartoons von Friedrich Werth, Horb

Mit 58 Texten von Klaus Richarz, 45 Texten von Ulrich Schmid
und 7 Texten von Bruno P. Kremer

Gedruckt auf chlorfrei gebleichtem Papier

Unser gesamtes lieferbares Programm und viele
weitere Informationen zu unseren Büchern,
Spielen, Experimentierkästen, DVDs, Autoren
und Aktivitäten finden Sie unter **www.kosmos.de**

© 2008, Franckh-Kosmos Verlags-GmbH & Co. KG, Stuttgart
Alle Rechte vorbehalten
ISBN 978-3-440-11564-0
Projektleitung: Stefanie Tommes
Redaktion: Bärbel Oftring
Printed in the Czech Republic/Imprimé en République Tchèque

Unsere Vögel kennen lernen

Hecker/Hecker
Kosmos Vogelführer für unterwegs
192 Seiten, über 300 Farbfotos
€/D 7,95; €/A 8,20; sFr 15,30
ISBN 978-3-440-11130-7

■ Ausgehend vom Standort – Wald,
Wiese, Küste, Gewässer, Berge oder
Stadt – kann man mit diesem Buch
230 Arten ganz einfach bestimmen

Barthel/Dougalis
Was fliegt denn da?
192 Seiten, 1.725 Abbildungen
€/D 9,95; €/A 10,30; sFr 19,10
ISBN 978-3-440-09977-3

■ Der Bestseller – Alle
Vogelarten Europas in neuen
Illustrationen und erstmals
mit Verbreitungskarten

Haag/Walentowitz
**Mein erstes
Was fliegt denn da?**
64 Seiten, 102 Abbildungen
€/D 6,95; €/A 7,20; sFr 13,90
ISBN 978-3-440-09560-7

■ Für Kinder ab 7 Jahren – Die 50
wichtigsten Vogelarten kennen
lernen: von A wie Amsel bis
Z wie Zaunkönig

KOSMOS

Viele Stunden Lesevergnügen

Wettervogel/Molitor
Können Wetterfrösche irren?
160 Seiten, 60 Cartoons
€/D 12,95; €/A 13,40; sFr 24,90
ISBN 978-3-440-10741-6

- Ob Bauernregeln oder vermeintliche Volksweisheiten – hier wird aufgeräumt mit liebgewonnenen Ansichten über das Wettergeschehen

Kremer/Richarz
Wer nimmt das Nashorn huckepack?
160 Seiten, 40 Cartoons
€/D 12,95; €/A 13,40; sFr 24,90
ISBN 978-3-440-11113-0

- Mit flotter Feder gehen die Autoren alltäglichen und verrückten Rekorden aus dem Tier- und Pflanzenreich auf den Grund

Bärbel Oftring
Kosmos Natur-Sammelsurium
160 Seiten, 31 Illustrationen
€/D 14,95; €/A 15,40; sFr 27,90
ISBN 978-3-440-11032-4

- Die Natur von einer neuen, erstaunlichen, faszinierenden, denkwürdigen, schillernden, verblüffenden und kuriosen Seite erleben

KOSMOS